名师课堂

生命简史

从"生命的轨迹"发现
包罗万象的科学

贾弘禔 主编

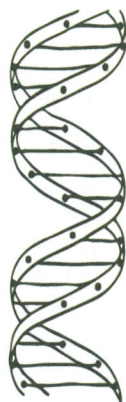

中国大百科全书出版社

图书在版编目（CIP）数据

生命简史 / 贾弘禔主编. --北京：中国大百科全书出版社，2021.6

（名师课堂）

ISBN 978-7-5202-0990-8

Ⅰ.①生… Ⅱ.①贾… Ⅲ.①生命科学–青少年读物 Ⅳ.①Q1-0

中国版本图书馆CIP数据核字（2021）第109213号

策划编辑：黄佳辉
责任编辑：黄佳辉
封面设计：景　宸
责任印制：邹景峰
营销编辑：王　绚

出　　版：中国大百科全书出版社
地　　址：北京阜成门北大街17号
邮　　编：100037
电　　话：010-88390718
图文制作：北京博海维创文化发展有限公司
印　　刷：北京汇瑞嘉合文化发展有限公司
字　　数：130千字
印　　张：12
开　　本：889毫米×1194毫米　1/16
版　　次：2021年6月第1版
印　　次：2021年6月第1次印刷
书　　号：978-7-5202-0990-8
定　　价：72.00元

前 言

　　人类文明现已进入科学技术文明时期。尽管人类已"可上九天揽月，可下五洋捉鳖"，科学家对"生命起源"的探究正在步步逼近真谛，但对"我们是谁，我们从哪里来，我们往哪里去？"的问题仍然迷茫。回答这些问题还需要多久？希望就寄托在一代代年轻人身上。人才培养自幼年开始，青少年期是人生发展的重要阶段。培养青少年"有责任感和奉献精神，有广博、精湛的基础和专业知识，有科学创新和实践精神"是社会的使命。本书就是为激发学生对科技创新的兴趣而写。

　　本书分为五个部分：生命的发现与发生（由贾弘禔撰写）、生命的物质基础（由张晨光撰写）、生命与环境（由贾默稚撰写）、健康与疾病（由金雅琼撰写）、神经与脑（由王晓民撰写）。生命的发现和发生是生命科学领域的重要课题，吸引了大批地理生物学、地球化学、地球物理学、考古学、海洋学、天文学、天体物理学和化学、数学等学科的科学家共同参与研究和探索。目前，我国学校教育极其强调"通识"教育。这本书也能激发读者在学科教育的基础上全面发展的动力和潜能。

　　本书强调知识性和时代性，编写过程参考了最新的科研文献等资料，同时突出术语概念的释义。书中还插入了一些科学家的科学实验和趣闻逸事，不仅增加了该书的趣味性，还使学生读者能认识到，很多科学家往往是跨学科的多面手。

　　21 世纪是生命科学的世纪。生命科学研究和实践的意义已经远远超出其自身领域，对其他领域产生了重大的影响。举个例子，由美国、欧盟、瑞士、日本和我国分别发布的"脑计划"融合了神经科学、心理学、医学、信息与计算科学、材料科学、工程学等众多学科，在揭示脑功能的基础上，将为脑健康的促进、脑疾病的诊断和治疗提供新的策略和方法，还将促进人工智能的发展，以至改变人类的生产和生活方式。

在本书出版之际，衷心感谢中国大百科全书出版社对本书纲要的具体指导，以及本书责任编辑黄佳辉女士的帮助。鉴于时间、水平所限，不当或遗漏之处难免，期望同行和读者提出宝贵意见。

贾弘禔

目　录

01

生命的发现与发生

定义生命

一、生命的表观形式——"活的"

不同的人对"生命"有不同的理解和解释。谈到"生命"，人们很自然地会将"生"与"死"，或"活的"与"死的"联系在一起。什么是"活的"？甚至连孩童也会联想起天上飞的（鸟类）、陆上跑的、水里游的（鱼类）宏观动物世界。中学生还会举出小树苗生根发芽，长成参天大树，开花结实等生机勃勃的植物现象，以及显微镜下可观察到的细菌、病毒等微观世界。人们普遍知晓，包括人类在内的各种有生命体还会有生、长、老、病、死及传代。大家熟知的哺乳动物和人类的卵细胞与精子结合（受精）形成合子，合子经增殖和分化，形成胚胎，进一步经胎儿（9周后的人胚发育阶段）发育、娩出、长大，变为成熟的个体，又可生殖、传代，这就是生命的延续。继而，成熟的个体经历衰老或疾病后死亡，一个有生命个体的生命过程就终结了。所谓"人生一世，草生一秋"（明代冯梦龙《醒世恒言》），"有生者必有死，有始者必有终，自然之道也"（汉代扬雄《法言》），精辟地论述了生命的自然规律，表现了中国古人对"生"与"死"的科学认识和豁达态度。所以说，一个"活的"生物体就是"生命"。这样通俗的解释"生命"并不错。但是，植物的花开花落、枝枯叶萎，人和动物的生老病死都只是"生"与"死"的表面现象或表现形式。

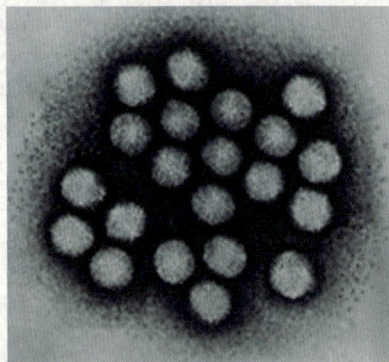

电子显微镜下的腺病毒

《伊丽莎白女王之死》
（油画，德拉罗什作，1827年）

二、不同领域在"生命"共识的基础上有不同的描述

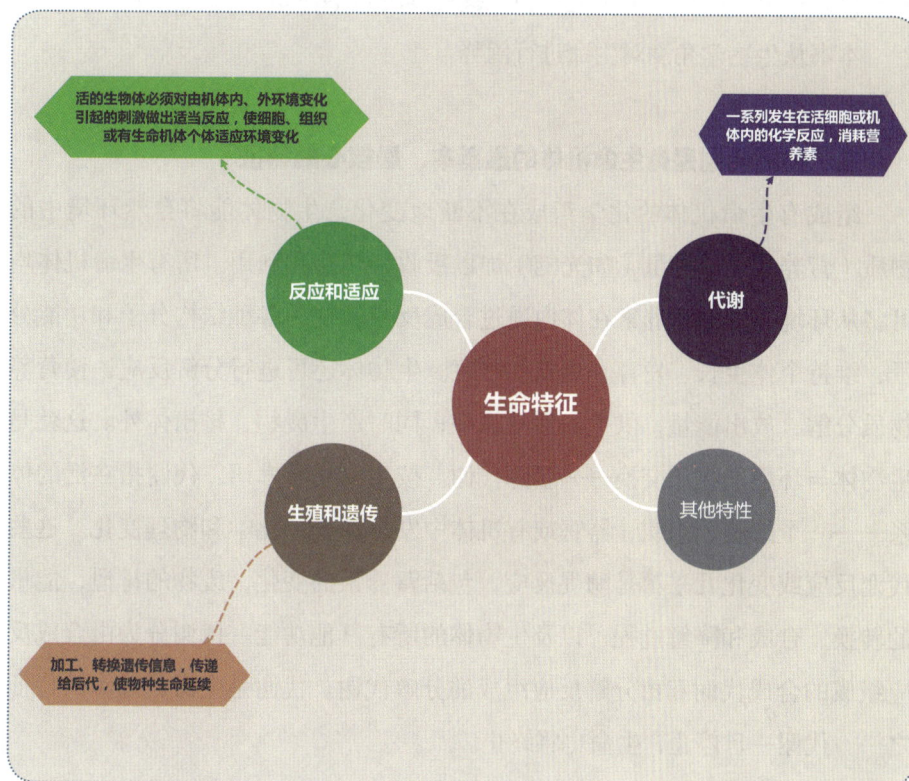

活的生物体必须对由机体内、外环境变化引起的刺激做出适当反应，使细胞、组织或有生命机体个体适应环境变化

一系列发生在活细胞或机体内的化学反应，消耗营养素

反应和适应

代谢

生命特征

生殖和遗传

其他特性

加工、转换遗传信息，传递给后代，使物种生命延续

生命科学工作者是如何区分生物体与非生物体、有生命与无生命的呢？尽管科学家们对"生命"的概念仍在讨论中，不同的领域对"生命"有不同的具体定义或描述，但对代谢、适应和遗传功能的认识依然具有共识。

根据社会学家哈罗德·莫洛维茨（Harold Morowitz）关于"生命体系具有复制、催化和可变的特征"的论述，生物学家将生命解释为：区别于非生命物质，生命是具有功能的一个细胞、一组细胞，或者一个有生命机体（包括人类在内的动物、植物和微生物等）的存在状态或功能特性，包括新陈代谢、生殖和遗传、反应和适应、生长、运动以及其他复杂功能；其中，新陈代谢、生殖和遗传、反应和适应性是区分生物体与非生物体、有生命与无生命之间的根本界限。

从物理学角度阐释生命，物理学工作者对生命还有另一种定义方式：生命体是一个由能产生自我，并按生存指令或程序进化的，由有机分子结构组成的热力系统。从热力学视角出发，将生命看作是一个开放体系，能伴随并利用周围环境（大气、温度、物质、能量等）的梯度变化创造或复制完全一

样的自身。物理学对生命的定义强调的是进化过程，而不是化学组成，将生命解释为一个能经历达尔文进化和自我持续进行的体系。

本书从生物学角度对生命进行阐释。

三、物质代谢是有生命机体的最基本、最核心的特征

组成有生命机体的化学组成在不断地变化，生物体能将自然环境中的物质（营养素）及能量（如光能）加以吸收、转换和利用。所有生命机体均可将从环境摄取的营养素在体内通过合成反应转变为各种结构分子和功能分子，维持个体生长、发育、更新和修复。生物体还可进行分解反应，使营养物质分解，放出能量，供生命活动需要；同时产生废物，排出体外。这就是生物体与环境的物质交换——新陈代谢。按生物化学术语，代谢指在活的体系——一个细胞、组织、器官或有机体中发生的全部化学和物理变化。这些代谢反应或变化几乎都是酶促反应，包括营养素的变化，废物的排泄，能量的转换、合成和降解过程，以及生物体的所有其他功能。代谢分为由合成反应组成的合成代谢和由分解反应组成的分解代谢。代谢是生命最基本的特征之一。代谢一旦停止，生命也将终止。

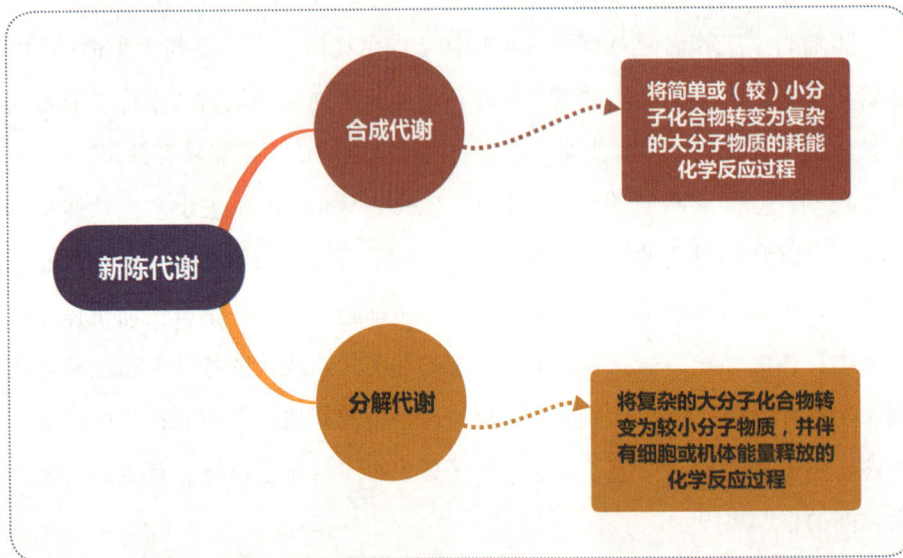

新陈代谢

合成代谢 ┄┄> 将简单或（较）小分子化合物转变为复杂的大分子物质的耗能化学反应过程

分解代谢 ┄┄> 将复杂的大分子化合物转变为较小分子物质，并伴有细胞或机体能量释放的化学反应过程

四、反应和适应是有生命机体适应环境生存的能力

活的生物体必须对机体内、外环境变化引起的"刺激"做出适当反应，发生应答，使细胞、组织或有生命机体适应环境变化。刺激－反应偶联的分

生物膜

　　细胞、细胞器与其环境接界的所有膜结构的总称。生物中除某些病毒外，都具有生物膜。真核细胞除质膜（又称细胞膜）外，还有分隔各种细胞器的内膜系统，包括核膜、线粒体膜、内质网膜、溶酶体膜、高尔基体膜、叶绿体膜、过氧化酶体膜等。生物膜是由脂质双分子层构成的片层结构，厚度约 5~10 纳米。其组成成分主要是磷脂双层和镶嵌其中的蛋白质，另有少量糖类通过共价键结合在脂质或蛋白质分子上。不同的生物膜有不同的功能。质膜与物质的选择性通透、细胞对外界信号的识别作用、免疫作用等密切有关；神经细胞膜与肌细胞膜是高度分化的可兴奋膜，起着电兴奋、化学兴奋的产生和传递作用；叶绿体的类囊体膜与光合细菌膜、嗜盐菌的紫膜起着将光能转换为化学能的作用，而线粒体内膜、呼吸细菌膜则能将氧化还原过程中释放出的能量用于合成腺苷三磷酸（ATP）；内质网膜则是膜蛋白、分泌蛋白等蛋白质及脂质的生物合成场所。因而，生物膜在活细胞的物质、能量及信息的形成、转换和传递等生命活动过程中起着重要作用。

子机制基于由感受器（受体分子）、转导分子和效应器（分子）组成的信号转导途径，将环境变化刺激通过中间分子转换、传递，变换为生物体效应器官的适当反应，从而适应环境变化。

　　"适者生存"，如果细胞或生物体不能对环境变化产生适当反应，或反应与环境变化不协调，生物体就不能适应环境。短暂的不适应还可以调整，长时期不适应生物体就会生病、甚至死亡。因此，反应（response）和适应（adaptability）是有生命机体普遍具有的能力。生物体对环境变化的反应方式多种多样，有简单或复杂的，低级或高级的。但是无论何种形式的有生命体对环境做出的适应性调整均与细胞或生物体的代谢及其调节有关。动物体的这种调节与神经系统和体液的调节功能有关。

五、繁殖和遗传使有生命个体或物种延续

　　生物体能产生与自己类似的个体，即繁殖或生殖（reproduction）；一个活细胞可以分裂为两个子代细胞，即增殖（proliferation）。高等动物的繁殖过程要比单细胞和植物复杂得多。在繁殖过程中，"种瓜得瓜，种豆得豆"或"种麦得麦，种稷得稷"（《吕氏春秋·用民》）说的就是新生的子代总是与亲代相同或相似，这就是生物遗传（heredity）。任何生物个体都不能长生不老，总是要死的，如果没有繁殖和遗传，这种生物就将绝种；有了繁殖和遗传，生命才得以延续。

生命空间

近年来，地理科学、天文和空间科学界在热烈讨论宜居环境和宜居行星，这不仅对研究地球生命的起源，同时对探索地球外是否存在生命形式具有重要意义。尽管科学家们在努力探索地球生命的起源，但"生命是在何时、何地及如何发生的"仍然是生命科学领域尚未解决的大难题。科学家们在这方面的研究已积累了大量证据和资料，使我们对地球生命已有了较为系统的科学认识。地球生命经历了从无到有、从简单到复杂、从低等到高等生命形式的长期进化过程。

在谈到地球和地球生命起源时，不得不简单介绍一下宇宙的结构和起源。

一、宇宙起源于 140 亿年前的大爆炸

在对宇宙和地球形成的辩论中，历来就有唯物主义和形而上学两种不同的认识，即使在科学界也存在极大的困惑和争论。20 世纪初，有过"宇宙既无开始也无终结"的假说。甚至伟大的科学家爱因斯坦为了解释"稳恒态宇宙"是如何维持的，在他提出的广义相对论中引进了"任意系数"来抵消引力的坍塌，后来他声称"这是我一生最大的错误"。直到爱德文·哈勃（Edwin Hubble）确定了退行速度与距离间的线性关系后，引出了更多科学家的观测和测量，于是物理学、宇宙和天文学家们才得出了这样的结论：宇宙起源于瞬间。这就是大爆炸（The Big Bang）理论。根据大爆炸理论计算的结果，宇宙发生于大约 140 亿年前。斯蒂芬·霍金（Stephen Hawking）在

2018 年 3 月 14 日去世前也曾经发表论文，提出宇宙起源的新大爆炸理论，支持大爆炸学说。

探究生命空间

宇宙大爆炸

根据大爆炸宇宙学的观点，大爆炸的整个过程：在宇宙的早期，温度极高，在100亿度以上。物质密度也相当大，整个宇宙体系达到平衡。宇宙间只有中子、质子、电子、光子和中微子等一些基本粒子。但是因为整个体系在不断膨胀，结果温度很快下降。当温度降到10亿度左右时，中子开始失去自由存在的条件，它要么发生衰变，要么与质子结合成重氢、氦等元素；化学元素就是从这一时期开始形成的。

约46亿年前地球起源

用多种同位素年代学方法测定陨石、月球和地球古老岩石的结果发现，太阳系各天体形成的年龄比较接近，形成先后的时间间隔约为1亿年，因此各种宇宙年代学测定的天体物质的年龄结果可以互相对比。目前测得太阳系元素的合成年龄为62亿～77亿年，太阳星云凝聚成各行星，包括地球的年龄为45.4亿～46亿年。

哈勃定律

1929 年，美国天文学家哈勃发现遥远河外星系的视向速度 v 与距离 r 是成正比的关系。后称哈勃定律。它的形式是：

$$v = H_0 r$$

哈勃定律中的比例系数 H_0 称为哈勃常数，代表宇宙当前的膨胀速率。哈勃空间望远镜核心课题组 2001 年观测结果报告 $H_0 = 72 \pm 8$ 千米 / (秒·百万秒差距)。

1912 年，维斯托·斯里弗首次测得仙女座大星云光谱线相对于实验室波长的移动，用多普勒效应获得其视向速度。一年后这类旋涡星云的视向速度数据增加到十几个，成为当时研究太阳运动的依据。在扣除了太阳运动之后，发现剩余速度很大，并且主要是正的，这代表星系的普遍退行。1929 年，哈勃根据 24 个已知距离和视向速度的星系，确立了退行速度与距离间的线性关系。这意味着宇宙不是静态，而更像 1922 年亚历山大·弗里德曼和 1927 年乔治·勒梅特分别提出的模型那样是演化的。1930 年，亚瑟·爱丁顿把这一现象解释为非静态宇宙的膨胀效应，并得到以后越来越多天文观测的证实。于是，哈勃定律就成了宇宙膨胀论第一个，也是最坚实的观测基础。

二、宇宙由无数巨大星系组成

宇宙可分为恒星、行星、星系、星系团－超星系团及观测所及的宇宙（即总星系团）5 个层次。大爆炸发生后的第一个一百万年，宇宙膨胀，温度下降，原子核和原子形成。有了原子或元素，就会形成分子，继而形成物质。在引力的作用下，物质凝聚，形成星系。银河系（Galaxy）是地球所处太阳系所在的中央突起、四周扁平的旋涡星系，其发光部分直径大约为 40 千秒差距（1 千秒差距 ≈ 3261.564 光年），厚度约为 300 秒差距。2015 年，科学家们发现盘状的银河系呈波浪状结构，其大小可能比传统认识更大。银河系由 1000 亿~4000 亿颗恒星和大量的星团、星云以及各种类型的星际气体和星际尘埃组成，从地球观测银河系呈银白色的环带。除银河系，宇宙至少还有 10 亿个巨大星系。

银河系示意图

太阳系示意图

科学家们观测的宇宙具有两个演化特征。特征之一是，宇宙处于膨胀状态，因此推断，在遥远的过去，宇宙物质密度很大，经过膨胀，密度逐渐降低。特征之二是，宇宙存在着微波背景辐射，这是一种稳定的、与方向无关、也不随季节变化的电磁辐射，其等效温度是 3K（K 是绝对温标，$0K=-273℃$）。

三、地球的年龄为 45.4 亿～46 亿年

太阳不是宇宙形成初期的演化产物，而是第二或第三代恒星，形成于约 70 亿年前，是一次局部凝聚的产物。稍早认为，在此过程中临近区域有一小部分较重的元素逃逸出来，不是与新的恒星（太阳）结合，而是聚集成为围绕太阳旋转运行的行星，其中就有地球。但这种临近区域的"元素逃逸"和"行星聚集"形成地球的过程可能不会发生在太阳形成伊始。

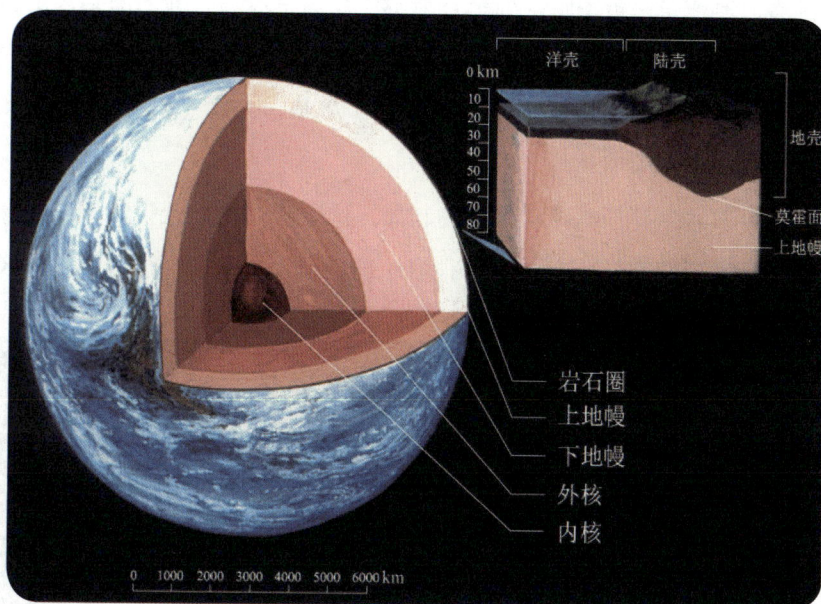

地球的内部结构示意图

探索、研究地球发生、存在的时间要归功于放射性同位素的发现。地球形成的时间在 45.4 亿～46 亿年前。利用某种同位素的自然衰变和半衰期可确定地球岩石的年龄。已知半衰期较长的放射性元素有铀（^{238}U，半衰期 $4.5×10^9$ 年）、钾（^{40}K，半衰期 $1.25×10^9$ 年）、铝（^{26}Al，半衰期 $7.17×10^5$ 年）等，测定这些元素的量就可以估计岩石的年龄。

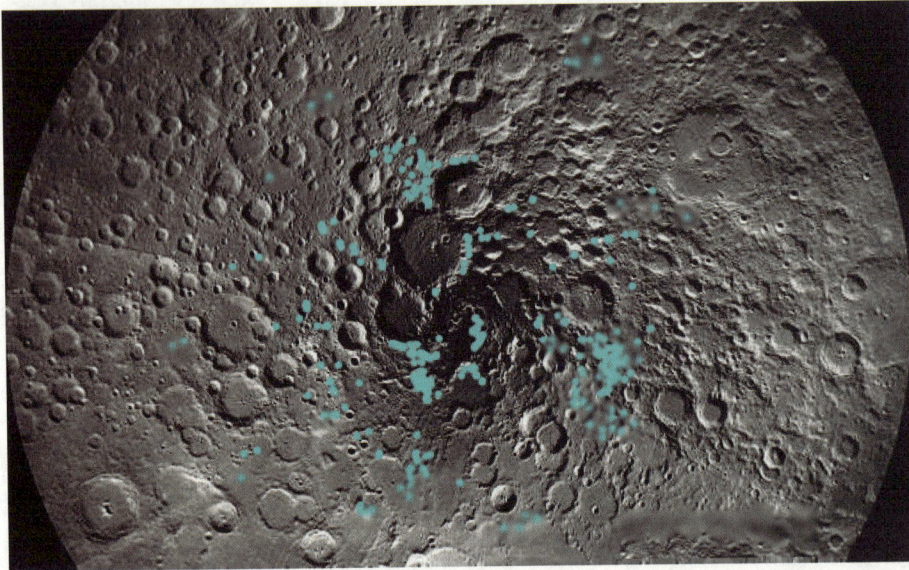

月球两级冰冻水（蓝色）存在的标志性特征示意图

目前，地球是宇宙中唯一确定有生命存在的星球。它的内部结构由连续的3部分组成：从内向外依次为地核、地幔和地壳。地壳被大气层（又称大气圈）包围。现在的大气成分主要为氮气（约78.1%）、氧气（约20.9%）和氩气（约0.93%），其余气体均属微量。

我们再多用些笔墨，谈谈月球的起源，这可能对我们认识宇宙、地球和生命起源是有帮助的。21世纪初，很多地理学研究和论著提出地球的形成是

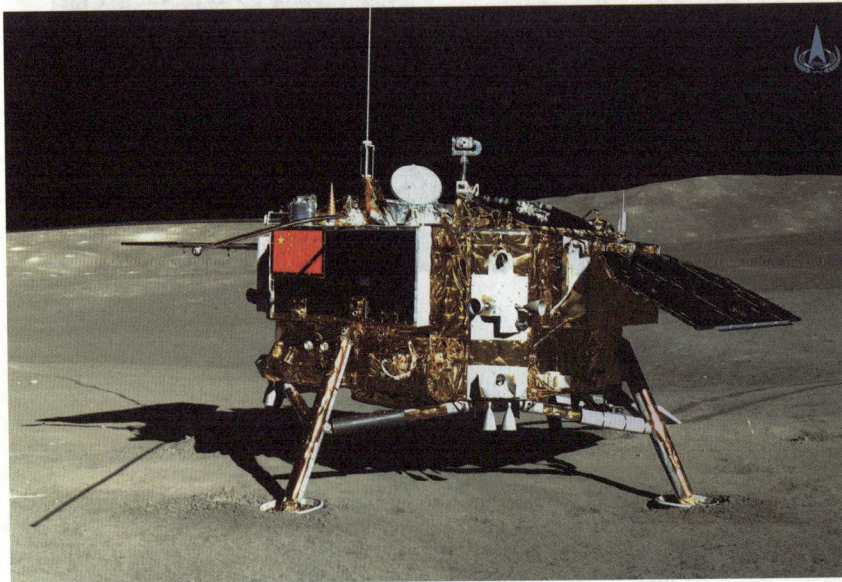

"嫦娥四号"探测器着陆在月球南极艾特肯盆地冯·卡门撞击坑预选着陆区

月球车"玉兔二号"到达月面开始巡视探测

由无数直径大于 10 千米的硕大物体通过引力作用相互融合，同时伴随月亮形成，这便是月球产生的同源假说。2019 年 1 月 3 日，中国"嫦娥四号"探测器再次成功登陆月球。与"嫦娥三号"登月不同的是，"嫦娥四号"在月球背面登陆，并投放第 7 辆月球车"玉兔二号"，再次激起了国际上的探月激情。2020 年 11 月 24 日，"嫦娥五号"探测器发射成功。除了上述的同源说，另一种月球形成学说是捕获说：月球原来可能是在地球轨道附近运行的一颗小行星，后来（35 亿年前）被地球捕获，成为地球卫星。此外，还有月亮形成的分裂说、核爆炸说和撞击说。近年来，越来越多的研究支持撞击说，认为地球历史上曾遭遇强烈的大撞击，产生大量碎片，小碎片在大的碎片吸引下逐渐聚在一起，形成了月球。

美国夏威夷大学的科学家们通过对美国国家航空与空间管理局（简称美国航天局，National Aeronautics and Space Administration，NASA）的月球矿物绘图仪（该绘图仪于 2008 年搭乘印度的"月船 1 号"探测器飞抵月球）采集的红外线测量结果进行分析，发现了月球两级有冰冻水存在的标志性特征，并于 2018 年 8 月 21 日在《美国国家科学院院刊》上发表了他们的调查结果。科学家们认为，月球上的水以水分子的形式与月球灰尘结合在一起，而不是以月球表面冰层的形式存在。因为水是生命起源和生存的必需条件之一，这一调查结果提示了月球作为宜居目的地的潜力，为探索建设太空基地奠定了基础。

生命简史

一、地球生命出现在约 40 亿年前

　　早期地球生命发生的确切时间仍在争论和探索中。岩石中存在早期生命的证据主要来源于化石形式的生命，以及适合生命发生的宜居环境。保存在岩层中的地质历史时期（距今 38 亿～1 万年）的生物遗体或生物活动所留下的遗迹称为化石。这些遗留的痕迹包括动物、植物和微生物的骨、壳、外骨骼或石头印迹，也包括毛、腐木、油脂和 DNA 等残留物。根据岩石中的同位素含量测定，以及生命元素，如碳、氧、氮及磷酸盐形式的磷等元素的捕获，可为生命发生时间提供直接证据。当然，在确定早期生命发生时间的同时，结合化石的来源还可以确定早期生命发生在地球何地。

"清江生物群"中发现的林乔利虫化石（新华社供图）

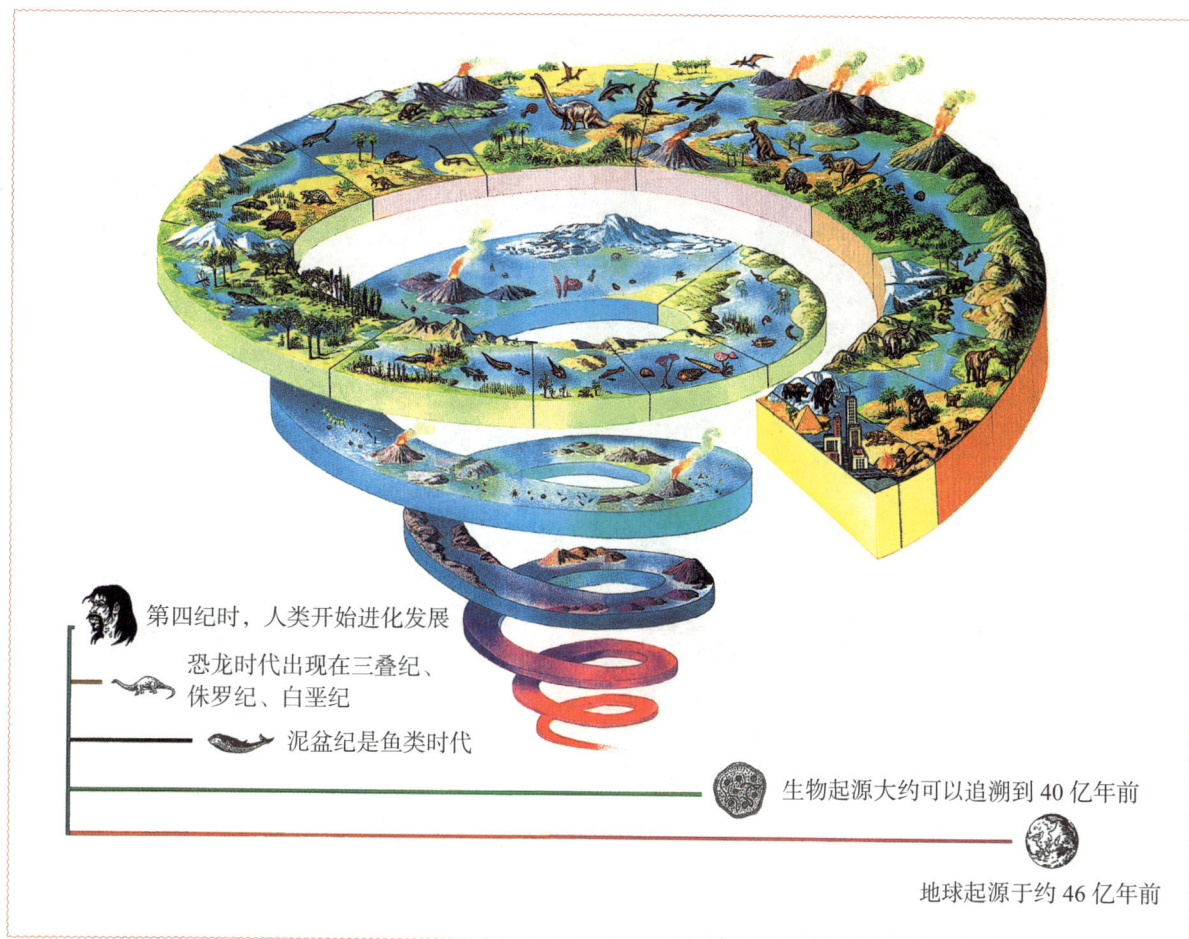

第四纪时，人类开始进化发展

恐龙时代出现在三叠纪、
侏罗纪、白垩纪

泥盆纪是鱼类时代

生物起源大约可以追溯到 40 亿年前

地球起源于约 46 亿年前

生命起源示意图

在讨论早期生命起源时，东京工业大学的詹姆斯·多姆（James Dohm）和丸山茂德在 2015 年提出了大气－海洋－陆地三元一体宜居环境（habitable trinity）的概念，这些共存、相伴的成分在太阳光照射下，形成三者之间连续的物质循环，是生命获得能量继而发生与进化的最低需要。如果一个行星有充足的水源、大气层和陆地，那么它就有了生命存在的先决条件。尽管原始大陆的组成成分仍在被激烈地争论，但科学家们推测在冥古宙（46 亿～40 亿年前）的地球已经有了巨大陆地的存在。地理化学家们对太古宙（40 亿～25 亿年前）岩层中的标记化合物的研究结果证明，早期地球生命在 40 亿年前就已经开始了。从格陵兰岛西南的始太古界（40 亿～36 亿年前）地层带中采集到的化石显示，浮游生物出现早于 37 亿年前。假如这个解释是准确的，那么早期生命的起源、进化在那之前很久就已经发生了。这种推理与古菌的分子

原始生命发生

单细胞真核生物出现于约18亿年前，新元古代出现软躯体的后生动物

志留纪时期种物出现

| 大约可以追溯到40亿年前 | 距今约37亿年 | 距今18亿~5.41亿年 | 距今5.41亿~4.43亿年 | 距今4.43亿~4.1亿 |

原核细胞生物出现

寒武纪出现海生无脊椎动物并发展繁盛

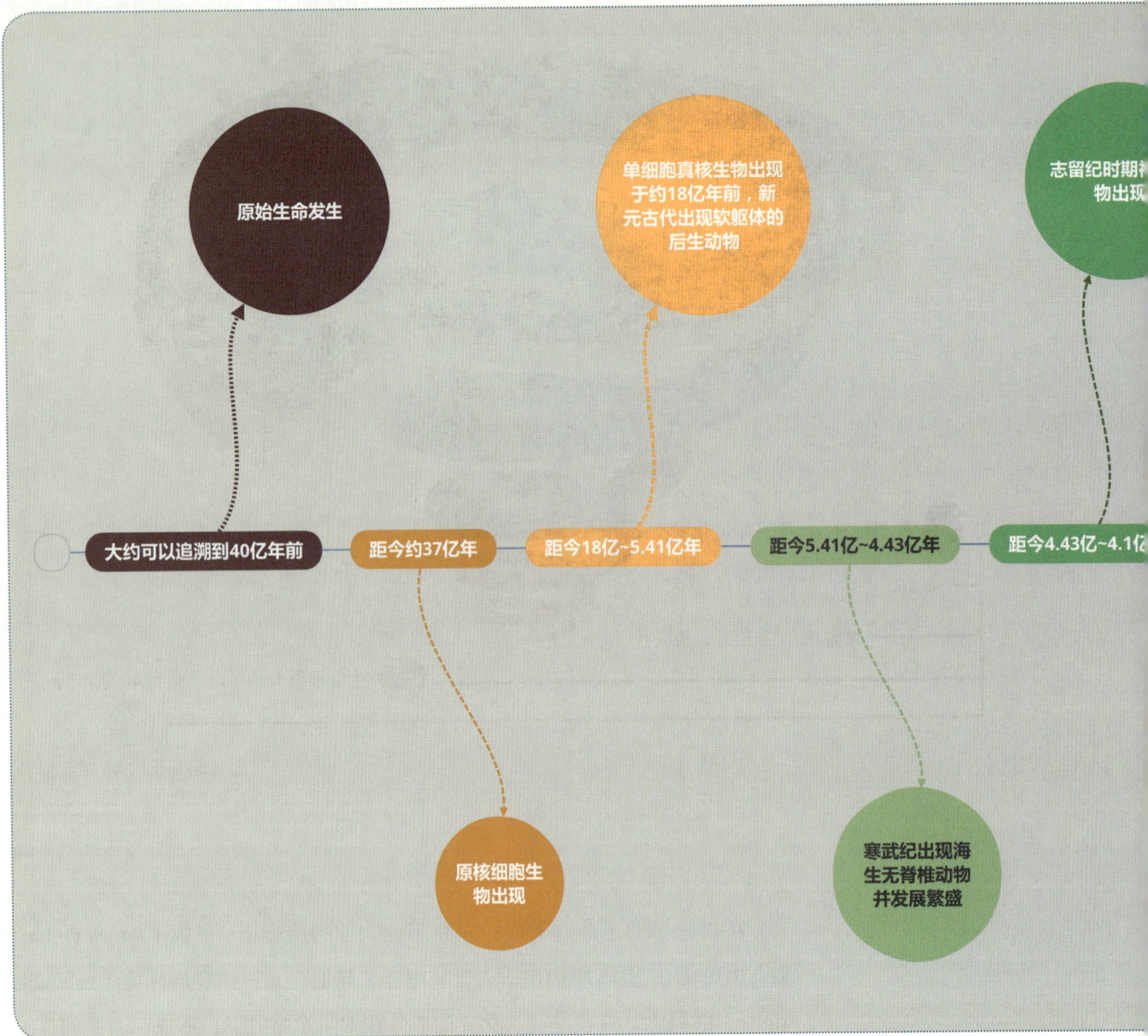

多样性或趋异性进化的研究结果一致：在古菌中首个趋异性发生在 41.1 亿年前，说明生物的最近的共同祖先甚至更早。2017 年，在加拿大魁北克热液孔沉淀物中发现了 42.8 亿~37.7 亿年前的的微生物化石（大小介于 0.001 mm ~ 1 mm 的化石），被认为是地球上年代记载最早的生命。根据上述，早期地球生命发生在约 40 亿年前。

地球早期的大气成分主要由水、二氧化碳、一氧化碳和氮气，以及由火山喷发、地壳运动等产生的其他气体组成，在此情况下，生命必须由无氧的

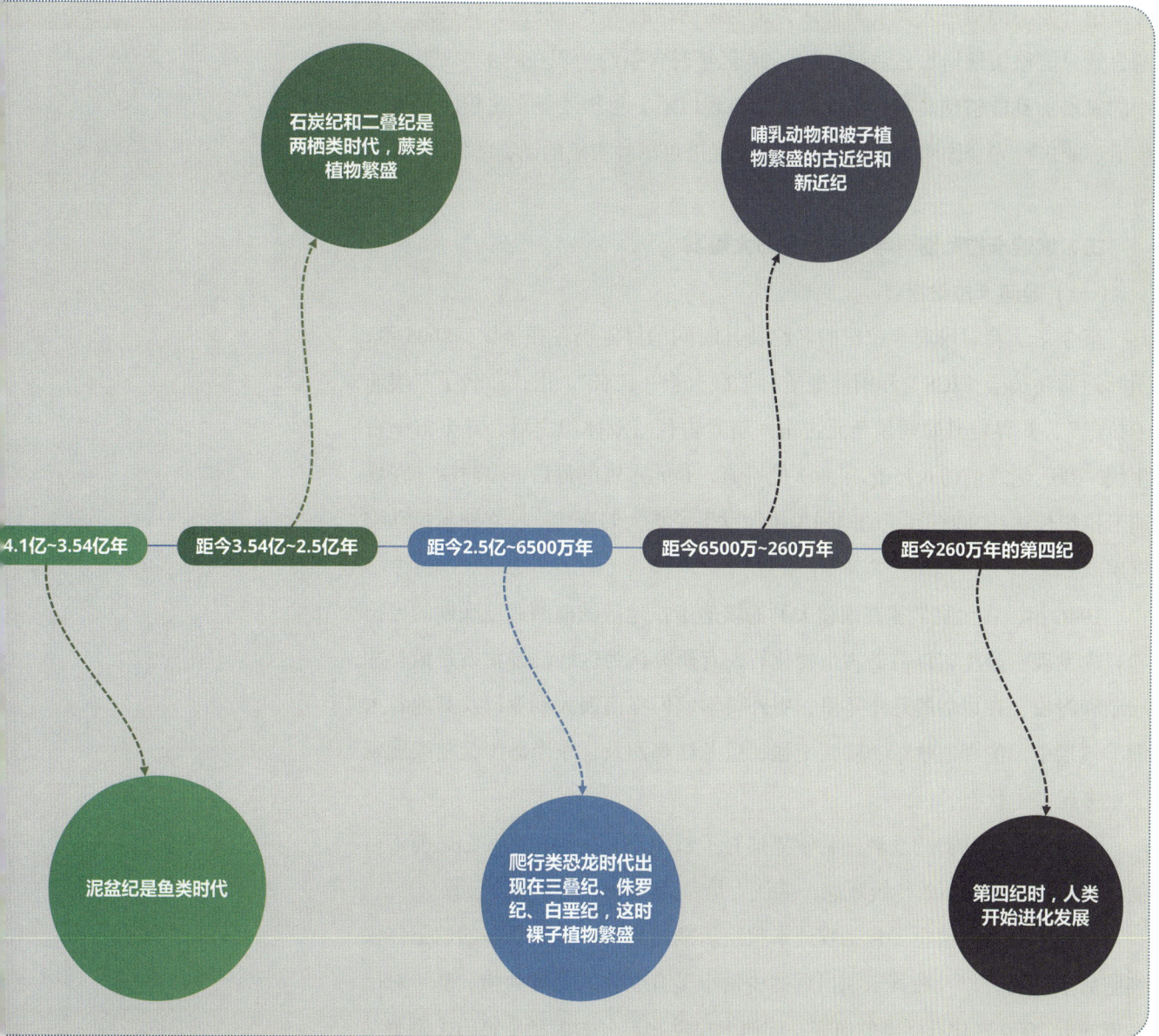

石炭纪和二叠纪是两栖类时代，蕨类植物繁盛

哺乳动物和被子植物繁盛的古近纪和新近纪

4.1亿~3.54亿年

距今3.54亿~2.5亿年

距今2.5亿~6500万年

距今6500万~260万年

距今260万年的第四纪

泥盆纪是鱼类时代

爬行类恐龙时代出现在三叠纪、侏罗纪、白垩纪，这时裸子植物繁盛

第四纪时，人类开始进化发展

地质年代

　　从 19 世纪 70 年代到 20 世纪 40 年代，岩相古地理和历史大地构造学的建立，以岩石、地层、古生物方法确定相对的地质年代方法被广泛应用，形成相对地质年代学。放射性的发现和同位素概念的提出，放射性同位素衰裂变定年技术的应用，为测定岩石、矿物年龄提供了精确的方法，从而形成了一门独立的分支学科——同位素地质年代学。20 世纪 40 年代以来，测定地质年龄的铀－铅法、钾－氩法和铷－锶法的建立和完善，使同位素年代学进入了一个全新阶段。

环境中开始，而氧进入大气则被认为是生物活动的结果。最初，氧在大气中的含量只能徐缓地增加，估计在距今 20 亿年时含量约为现在的 1%。当大气中的氧增加到能够使具有保护性臭氧层出现以后，生物才能在比较浅的水中生活。能进行光合作用的生物的繁殖，又促进可以呼吸氧的动物的发展。

二、埃迪卡拉动物群与寒武纪生命大爆发

（一）埃迪卡拉动物群

至今，学者对埃迪卡拉纪的名称及其时间的界定仍存在争议。2004 年，国际地质委员会（ICS）和国际地质科学联合会（IUGS）正式命名了"埃迪卡拉纪"，并界定其时间位于元古宙—新元古代—成冰纪之后，显生宙—古生代—寒武纪之前的 6.35 亿～5.41 亿年前，是元古宙的最后一个时期。在埃迪卡拉纪长达约 9000 万年的时间里生物发生了重大的变化——埃迪卡拉动物群出现。

1946 年，古生物学家在南澳大利的埃迪卡拉地区的前寒武纪晚期的庞德砂岩内发现了显生宙以前的古生物化石，有研究认为这些动物化石是最早的珊瑚和海虫。在以后的几十年里，中外科学家们在南澳大利亚以及其他各大洲（包括中国的湖北峡东、陕西宁强、黑龙江鸡西及辽东半岛）又陆续发现了很多元古宙化石。

埃迪卡拉动物群的发现使科学界摒弃了长期以来认为在寒武纪之前不可能出现后生动物化石的传统观念，被认为是寒武纪生命大爆发的起源。

埃迪卡拉动物群主要包括埃迪卡拉纪后期出现的、种类较多的软躯体多细胞后生动物，以及在其末期出现的少量小型有壳体的低等动物。基于对已发现的近 2000 件化石标本的研究，埃迪卡拉动物群分为腔肠动物门（刺胞动物门）（67%）、环节动物门（25%），以及分类不明的低等无脊椎动物。换言之，埃迪卡拉动物群主要由水母样腔肠动物、海鳃样腔肠动物、蠕虫样环节动物等组成。

与现代大多数动物不同，埃迪卡拉动物的形态、结构原始，大多数是呈同心状、放射沟状、突出叶状，既没有头、尾和四肢，又没有口腔和消化器官，因此它们摄取营养的方式可能类似现今的某些寄生虫。很多埃迪卡拉动物固着在海底，与植物颇为相似，有的从茎干分支、长出"小叶"结构，由茎支撑在海底面上自由浮动；其他的则"平躺"在浅海处，顺水流获得营

养。大部分这样的埃迪卡拉动物与以后的动物没有什么关系；然而，有几种化石比较像后来动物的前身，如查尼亚虫、斯瓦特虫、狄尔逊水母。在埃迪卡拉纪末期，埃迪卡拉动物群分成两支：有的成功演化成更有活力、更具进攻性的动物，对弱者巧取豪夺而幸存下来；但大多数则走向灭亡。

寒武纪大量出现的动物与埃迪卡拉动物完全不同，这是生物进化史上的一个重大问题。这两个时期的动物群之间最大的差别是，寒武纪动物群在演化过程中产生了硬壳，从而发展成了许多新的门类。这两个时期的动物群出现的时间相距近 1 亿年，两者在生物进化史上到底是什么关系尚不明确。无论如何，埃迪卡拉动物群的出现标志着原始的生命形态在经过 30 多亿年的准备之后，多细胞生物已经出现，其厚积的生命力伺机薄发，最终迎来了生命演化的历史新篇章——真核生物的发生、演化和发展。

（二）寒武纪生命大爆发

寒武纪时生命大爆发，现今所知的动物门类几乎都已出现。在寒武纪一开始，就出现寒武纪生命大爆发的第一幕（约 5.4 亿年前），出现大量个体微小的原始硬壳无脊椎动物（称为小壳动物群），例如软舌螺、单板类、腹足类、喙壳类、腕足类和分类位置不明的棱管壳、齿形壳等。约 5.3 亿年前为寒武纪生命大爆发的主幕，在中国云南澄江早寒武世地层中发现的澄江动物群是它的一个窗口，生动地再现了 5.3 亿年前海洋生命的壮丽景观和各门类动物的生态和原始特征。澄江动物群有多孔动物门、栉水母动物门、线形虫动物门、鳃曳动物门、动吻动物门、叶足动物门、腕足动物门、软体动物门、节肢动物门、棘皮动物门、半索动物门、尾索动物门、脊椎动物门等古老代表。该动物群以节肢动物、蠕虫、海绵动物为主，脊椎动物最原始的鱼的出现极为重要。它们展示出生态的多样性，并有真正的食肉动物存在。各个动物门类几乎是在很短时间内突然出现的，有助于对生物进化理论的探讨。寒武纪的生物化石，以三叶虫最为丰富，其化石数量占总数的 60% ~ 70%，其次为腕足类，占 20% ~ 30%，其余 10% ~ 15% 为海绵动物、古杯动物、刺胞动物、软体动物、环节动物、牙形石、棘皮动物、笔石动物和非三叶虫的其他节肢动物等。

（三）陆续出现的动物

在距今 4 亿多年的志留纪时，植物由海洋开始向陆地移居，动物随即跟进，蝎子、蜘蛛和一些早期昆虫成为最早的陆地动物。由硬骨鱼衍生的两栖动物于泥盆纪时出现在陆地上。而后，又衍生出爬行动物。距今约 2.5 亿年，发生大灭绝，大多数门类的动物灭绝，新的物种代之而起。中生代时（距今约 2.5 亿～6500 万年）爬行动物大盛，成为当时的主角，形成恐龙世界。中生代末期又发生大灭绝，大部分爬行动物灭绝，只有少数小型种类存活下来。但爬行动物先祖的后代——哺乳动物和鸟两类脊椎动物，于新生代分别在陆地上、空中称王。距今约 6500 万年时，哺乳动物开始繁盛，它们在数千万年中由低等猴发展为高等猴，进而演化为猿类，距今约 260 万年，人类开始进化、发展。

三、地球生命出现需要多样化的化学和物理条件

在解释早期地球生命在哪里发生时，科学家们假设性地提出了包括海洋、湖泊、碱水湖、潮水浸满的池塘、海底热液区等各种环境，假设提出的任何单一场所能够充分满足生命起源所需要的化学和物理学的多样性条件要求。

海底热液区（新华社供图）

多姆和丸山茂德提出的三元一体宜居环境概念符合"化学进化需要复杂、多样的地理化学过程相互作用"条件。生命体由碳（C）、氢（H）、氧（O）、氮（N）和营养物质组成。因为大气富含 CO_2 和 N_2，所以可供生命起源所需要的大量碳和氮；浩瀚的海洋有充分、大量的水（H_2O），可以供给生命氢和氧；陆地则可供给各种营养物质，包括钾（K）、磷（P）等无机元素。前已述及，冥古宙（46亿～40亿年前）地球已有巨大的陆地，它是由若干千米厚的斜长岩地壳组成的，局部覆盖有玄武岩组成的岩脉，含有钾、磷及稀有元素。在大陆表面分布有蜿蜒蛇形、弯弯曲曲的热液系统，局部有富含氢的碱性微小环境。富含这些元素的岩石经过风化、侵蚀，或者直接被输送、落入池塘，使地热区域附近的池塘不断地得到大量营养元素（如钾、磷等）。池塘岸边有利于脱水反应，淋湿－干燥循环反复进行，导致聚合反应发生，生成生物大分子。地热区域还能够利用太阳光作为能量来源，通过大气反应和地球外的物体，生成有机物。因此，由大气、海洋和陆地组成的三元一体宜居环境，有利于产生生命的化学反应进行和化学进化——从浓缩简单的无机化合物（如 CO_2）到早期生命的出现。

探究生命起源的假说

　　尽管考古学、天文学、地质地理学、地理生物学、地球物理学、地球化学、海洋学等领域的科学家们对"早期地球生命发生在何时、何地"的研究进展令人鼓舞，但"早期地球生命究竟出现在何时、何地"仍旧在研究、探索中；更让他们痴迷却又感到棘手的难题是"早期地球生命是如何起源的"。

　　关于"生命起源"的问题，不仅有科学与神学之间的激烈论战，而且即使在科学界也充满了争论，不同的科学主张、学术观点至今争论不休。不同的学术观点、见解的辩论在科学与学术界是一种正常现象，借用一句古词"青山遮不住，毕竟东流去"（辛弃疾《菩萨蛮》），真理是不怕辩论的，真理胜于雄辩，真理就像"奔腾的江水，滚滚东流"，任谁和什么都阻挡不了，最终会被社会普遍接受。对"生命是如何起源的"辩论不仅可以帮助我们回答"我们人类是从哪里来的，到哪里去"的问题，还会加深我们对人类居住的地球环境的认识，提高环境保护意识；此外，对探索地球外是否存在生命形式也具有重要意义。至今，有多种假说或理论来解释"早期地球生命"的起源，主要假说或理论包括自生论、生源论和胚种论、无生源论。

一、"造物神话"是流传于民间或文人墨客杜撰的故事

　　人类的早期文明曾有过"神创造人"的神话传说。"造物神话"（creation myth）认为，生命是一种超自然力的创造结果，是物理学、化学和其他科学所不能做到的。例如，在古希腊的传说中，大地女神盖娅（Gaia）是所有生

东汉女娲、伏羲画像砖（河南新野县出土）

命的母亲,她可以指石为有生命的天神和海神。此类传说常在古代民间口头流传,或出现在文人墨客杜撰、臆造的神秘空想故事中。

二、"自生论"来源于对自然现象简单的表面观察

"自生论"是英文 spontaneous generation 的中文译名。"自生论"有两个不同的版本。一个版本是经过演绎的近代版本,将其解释为"活的生命可以从无生命的物质产生",这种定义与后面将要讨论的"无生源论"(abiogenesis)的意义相同,因此,有人将"spontaneous generation"与"abiogenesis"视为同一学说。另一个版本的"自生论"是习惯性流传的信念,虽然也相信"活的生命产生于无生命物质",但是"无生命物质"涉及的内涵、理念与前一种版本截然不同。后一种"自生论"是由亚里士多德(Aristotle)基于古希腊哲学和他收集的有关生物发生的各种古代传说,经过系统地整合后提出的假说。

为避免两种混淆,这里提及的"自生论"特指亚里士多德的假说。亚里士多德的"自生论"被当作是科学事实在过去的 2000 年中流行,直到 19 世

亚里士多德

亚里士多德生于斯塔吉拉城,父亲是马其顿王阿穆塔的宫廷医师,在亚里士多德幼年时去世。

亚里士多德 18 岁时被他的监护人普洛克西诺送到雅典,进入柏拉图学园学习,后来担任教师。柏拉图逝世后,斯彪西波主持学园事务。亚里士多德与他有分歧,和另一个同学克塞诺格拉底接受了赫尔米亚的邀请,离开雅典来到亚洲的密细亚的阿索斯城,建立学园,开展教学和研究工作。3 年后波斯帝国攻陷了城池,赫尔米亚被杀,亚里士多德逃到累斯博岛的米提利尼城。公元前 342 年,亚里士多德应马其顿王菲力浦二世之召,前往任王子亚历山大的教师。公元前 339 年离开马其顿的宫廷,回到自己的故乡斯塔吉拉城。

公元前 335 年,亚里士多德回到雅典。这时学园由克塞诺格拉底主持。亚里士多德带领泰奥弗拉斯托斯,在城外吕克昂的阿波罗神庙附近的运动场里另立讲坛。由此,他的学园被称为"吕克昂"。他的教学活动多在运动场里的散步区进行,边走边讨论问题,因此又被称为"逍遥学派"。吕克昂树立了一种与柏拉图学园大不相同的学风。它更注重实际,研究问题更注重提出疑难,注重多方面收集材料、尝试和探索。在哲学及古代知识的许多部门中取得了巨大的成果。公元前 323 年亚历山大在军旅中突然死去,雅典发生了反马其顿的运动,亚里士多德便成为政治打击的对象,他和苏格拉底一样,被控以"亵渎神灵"的罪名。他把学园交给泰奥弗拉斯托斯,避难于卡尔基,次年因病逝世。

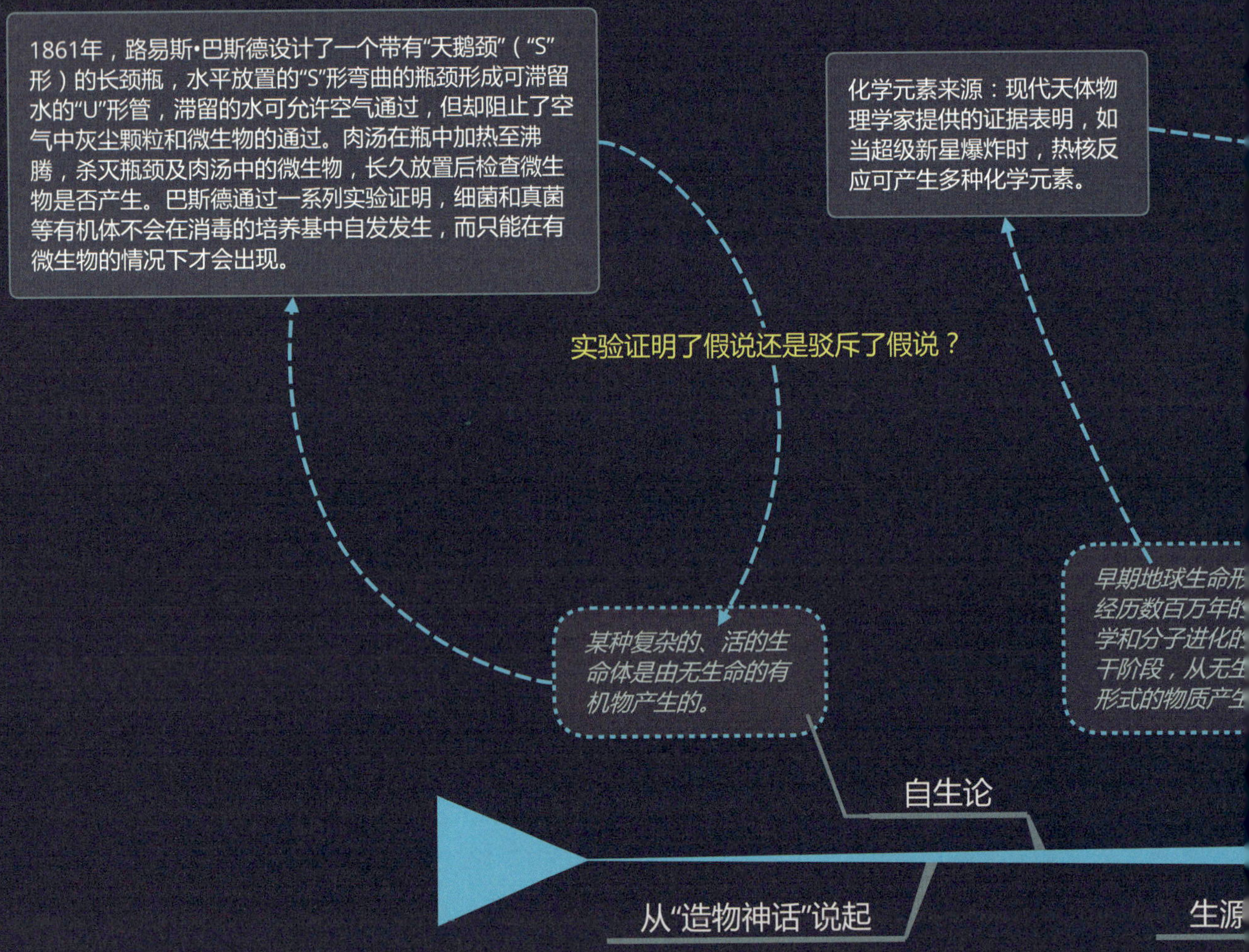

1861年，路易斯·巴斯德设计了一个带有"天鹅颈"（"S"形）的长颈瓶，水平放置的"S"形弯曲的瓶颈形成可滞留水的"U"形管，滞留的水可允许空气通过，但却阻止了空气中灰尘颗粒和微生物的通过。肉汤在瓶中加热至沸腾，杀灭瓶颈及肉汤中的微生物，长久放置后检查微生物是否产生。巴斯德通过一系列实验证明，细菌和真菌等有机体不会在消毒的培养基中自发发生，而只能在有微生物的情况下才会出现。

化学元素来源：现代天体物理学家提供的证据表明，如当超级新星爆炸时，热核反应可产生多种化学元素。

实验证明了假说还是驳斥了假说？

某种复杂的、活的生命体是由无生命的有机物产生的。

早期地球生命形经历数百万年的学和分子进化的干阶段，从无生形式的物质产生

自生论

从"造物神话"说起

生源

读这幅导图的时候，请同学们注意图上"实验证明了假说还是驳斥了假说"的问题。

对于现象的观察必不可少，但是缺少了实验的验证，轻易得出的结论未必是科学的哦！

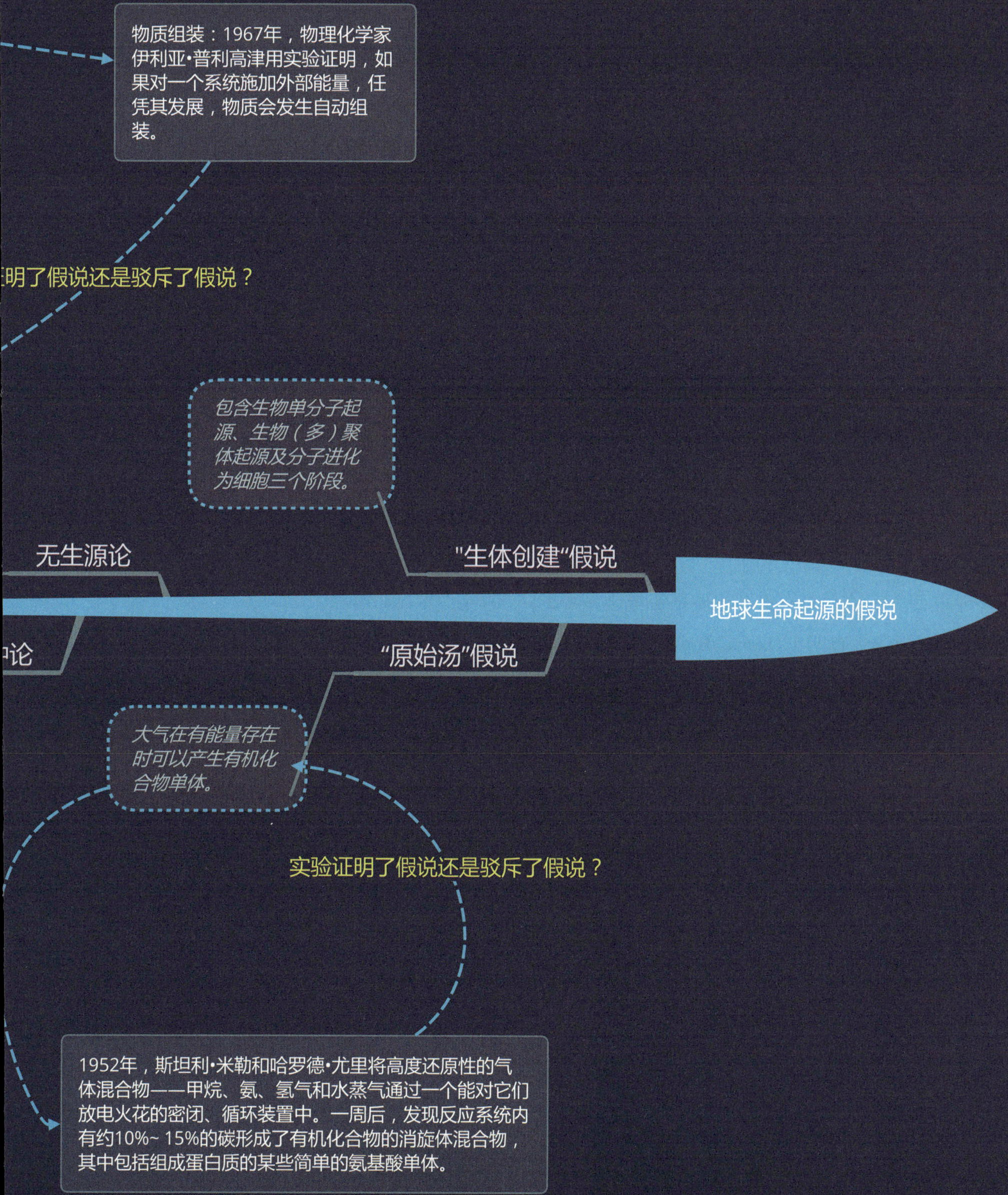

物质组装：1967年，物理化学家伊利亚·普利高津用实验证明，如果对一个系统施加外部能量，任凭其发展，物质会发生自动组装。

证明了假说还是驳斥了假说？

包含生物单分子起源、生物（多）聚体起源及分子进化为细胞三个阶段。

无生源论

"生体创建"假说

地球生命起源的假说

论

"原始汤"假说

大气在有能量存在时可以产生有机化合物单体。

实验证明了假说还是驳斥了假说？

1952年，斯坦利·米勒和哈罗德·尤里将高度还原性的气体混合物——甲烷、氨、氢气和水蒸气通过一个能对它们放电火花的密闭、循环装置中。一周后，发现反应系统内有约10%~15%的碳形成了有机化合物的消旋体混合物，其中包括组成蛋白质的某些简单的氨基酸单体。

纪仍被西方一些学者所支持。这一学说的经典理论认为，某种复杂的、活的生命体是由无生命的衰败有机物产生的。产生这种信念的基础就是对简单、表面的自然现象的直接观察，例如，蚜虫产生于植物上的露水、飞蝇来源于腐败的物质（如鸟兽腐肉）、老鼠生于肮脏不洁的粮草或沉积的泥土中，等等。有的学者认为，这种观念与"异源发生"或"异祖发生"（heterogenesis）堪称"天生一对"，这种观点同样认为，一种生命形式产于另一种不同的生命形式，如蜜蜂由花朵产生。在我国古代民间也有"腐草生蝇、朽肉生蛆、败米生鼠、淤泥生蛙"的传说或认识。因为亚里士多德认为这些自然现象都是很容易观察到的事实，所以他对生命的自发发生深信不疑，乃至于中世纪及以后举世闻名的哲学家托马斯·阿奎那（Thomas Aquinas），以及科学家威廉·哈维（William Harvey）和牛顿（Newton）等也都情愿接受这一信念。

或许现在稍微有些生物学知识的人都会提出类似的问题：纯粹的露水的确是没有生命的，但是复杂的泥土成分就难说了；况且，动物肉、粮草、木头难道在腐败之前就不曾有过生命？回答是肯定的，那么它们的生命又是从何而来呢？显然，基于简单的表面自然现象提出的"自生论"在逻辑或概念上存在有混淆和界定不清。

直到 17 世纪，在西方有人开始质疑亚里士多德的"自生论"。1646 年，英国医学家托马斯·布朗（Thomas Browne）在他发表的著作《流行的伪真理》中抨击这种"自生论"是伪科学，是一种"俗不可耐的错误"，从而揭开了科学与伪科学的激烈论战。与布朗同时代的亚历山大·罗斯（Alexander Ross）强烈地反对布朗，说"质疑'自生论'就是挑战真理，挑战公众社会舆论和经验"。唐代诗人李白在《日出入行》中的"谁挥鞭策驱四运，万物兴歇皆自然"，按现代理念来解释，就是在自然界，四季运行、万物兴衰荣枯都是遵循自然规律运行的。如果可以这样借喻的话，李白的两句诗作和布朗的《流行的伪真理》都可以被理解为唯物主义的科学观。很显然，基于对自然现象的简单、表面观察演绎的"自生论"是违背自然规律，是有悖于科学的。布朗的学术观点得到了科学实验的支持。

谈到利用科学实验、科学研究对"自生论"进行反证是一个颇有意思的过程，体现了科学思维及方法学、技术学对科技进步的贡献。第一个采用科学实验反驳"自生论"的是意大利自然主义者、医师、生物学家兼诗人弗朗西斯科·雷迪（Francesco Redi）。1668 年，雷迪为了验证腐肉是否能生蛆，他将腐肉置于用细纱布遮蔽罐口的罐子中，另一些摆放肉的罐子的罐口则敞开，作为对照实验。过些天后发现，细纱布封口的罐子因为防止了飞蝇产卵，罐里的肉没有生蛆；相反，在敞开罐口的肉罐中，由于飞蝇能自由进出敞开的罐口，在肉上产卵而生蛆，从而证明"自生论"是错误的。通常，科学实验结果，特别是原始创新性发现必须是可（被他人）重复的，才能得到学术界的认可。

雷迪的发现和结论得到了荷兰科学家兼商人，被誉为微生物学之父的安东尼·列文虎克（Leeuwenhoek）类似的实验证实。当时研制、开发显微透镜技术的列文虎克在他磨制的400多个透镜中，有一个的放大率竟达到270倍，可用其观察到微生物、骨骼肌纤维和微血管，1676年，他用这片透镜制作的显微镜发现了微生物。但沉默一时的"自生论"又转而认为，如果宏观生物（如飞蝇）不能从非生命物质产生，但至少微生物是可以从非生命物质生成的。1765年，意大利科学家拉扎罗·斯巴兰扎尼（Lazzaro Spallanzani）将营养液（肉汤）倒进烧瓶，封口后加热煮沸，结果烧瓶无论放置多久里面都不会有微生物生成。然而，"自生论"者却认为，煮沸、密闭可能会破坏空气中

列文虎克

荷兰显微镜学家、微生物学的开拓者。幼年没有受过正规教育。因勤奋及特有的天赋，他磨制的透镜远远超过其同时代人。他的遗物中有一架简单的透镜，其放大率竟达270倍。

列文虎克在放大透镜下所观察的对象非常广泛，有晶体、矿物、植物、动物、微生物、污水等。1674年他开始观察细菌和原生动物，即他所谓的"非常微小的动物"。他还测算了它们的大小。1677年他首次描述了昆虫、狗和人的精子。1684年他准确地描述了红细胞，证明马尔皮基推测的毛细血管是真实存在的。1702年他在细心观察了轮虫以后，指出在所有露天积水中都可以找到微生物。他追踪观察了许多低等动物和昆虫的生活史，证明它们都自卵孵出，并经历了幼虫等阶段，而不是从沙子、河泥或露水中自然发生的。

1673～1723年，列文虎克曾将他的发现陆续以通信的方式报告给英国皇家学会，其中大多数都发表在《皇家学会哲学学报》上；由他提供的第一幅细菌绘图也在1683年该学报上刊出。他于1680年被选为该学会的会员。

列文虎克是第一个用放大透镜看到细菌和原生动物的人。对18世纪和19世纪初期细菌学和原生动物学研究的发展起了奠基作用。他根据用简单显微镜所看到的微生物而绘制的图像，今天看来依然是正确的。他的划时代的细致观察，使他举世闻名。许多名人（包括英国女王、俄国的彼得大帝）都曾访问过他。

某些至关重要的"活素"，使微生物无法生成。

最终，还是路易斯·巴斯德（Louis Pasteur）解决了这个问题。1860年，他设计了一个带有"天鹅颈"（"S"形）的长颈瓶，水平放置的"S"形弯曲的瓶颈形成可滞留水的"U"形管，滞留的水可允许空气通过，但却阻止了空气中的灰尘颗粒和微生物的通过。肉汤在瓶中加热至沸腾，杀灭瓶颈及肉汤中的微生物，长久放置后检查微生物是否产生。巴斯德通过一系列实验证明，细菌和真菌等有机体不会在消毒的培养基中自发发生，而只能在有微生物侵入（天鹅颈瓶口开放）的情况下才会出现，"自生论"遭到有力驳斥。

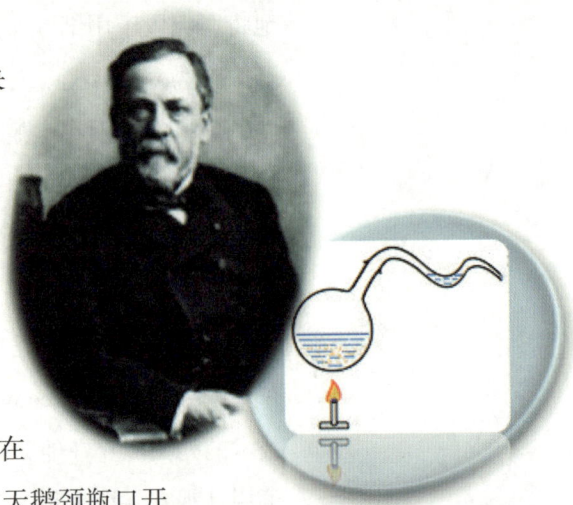

巴斯德证明微生物不可能自发产生

路易斯·巴斯德

　　法国科学家。先后在化学、微生物学及免疫学中作出卓越贡献。1843～1846年就读于巴黎高等师范学院。1847年以化学及物理学论文取得博士学位。1848年发现不显旋光性的酒石酸包含两种等量混合但旋光性相反的分子，故旋光性相互抵消。1854年证明发酵系微生物活动的结果。建议采用纯种微生物进行发酵，控制发酵的理化条件，提出用加热法(50～60℃)来消灭酒、醋等成品中的杂菌，即巴斯德氏消毒法。1860年他证明营养液仅在接触不净空气后才会变质；微生物来自空气，并非自然发生。1865年研究当时流行的蚕病，建议用去除病卵的方法抑制微生物感染的流行。1879年发现在一定条件下生长的鸡霍乱菌不复致病，但可诱发免疫力。1881年制备出减毒炭疽疫苗。1885年研制出减毒狂犬病疫苗，并以此治疗一受狂犬咬伤的9岁儿童。1868年首次脑卒中致偏瘫，1887年再次脑卒中后体力渐衰，至逝世前已近完全瘫痪。他在世时备受赞誉，人们认为他拯救了法国的酒业和蚕丝业。全世界捐款于1888年建立了以他的姓氏命名的研究所。

三、"生源论"和"胚种论"是"生命永恒论"的代表假说

19世纪末，一些理论家和学者曾经相信另一种极端的观点——"生命永恒论"。"生命永恒论"认为，生命与物质一样古老，根本不存在生命起源的问题。德国生物化学家尤斯图斯·冯·李比希（Justus von Liebig）就笃信这一信念，并认为有了"生命永恒论"，有关生命起源的一切争端就都经由这个简单的假定解决了。当时流行的"生命永恒论"中的典型代表当属"胚种论"（panspermia hypothesis）和"生源论"（biogenesis）。

　　这类假说的产生或提出主要是受早期一些著名学者的研究结果影响。17世纪中叶，英国生理学家威廉·哈维（William Harvey）在研究鹿的生殖时就曾提出，每种动物都是由卵产生的。雷迪实验（飞蝇在腐肉产卵、生蛆）也支持这一观点。后来，斯巴兰扎尼进一步提出动物生殖来源于卵子与精子的结合——受精。如果说上述学者对"胚种论"和"生源论"的影响还没有那么直接的话，那么巴斯德等人的研究结果则是支持用"胚种论""生源论"取代"自生论"最直接、最有影响的因素。

　　在反驳"自生论"的辩论中，巴斯德的实验结果和发现给了"自生论"致命的一击，他认为即使是最渺小的生物（微生物）也是来自飘浮在空气中的"胚种"（germs 或 panspermia），言外之意，地球生命来源于宇宙某个地方。这种认识反映了巴斯德的宗教观点，当时就遭到了 X 射线晶体成像的先驱约翰·德芒·伯纳尔（John Desmond Bernal）的反驳，认为巴斯德的主张不科学。尽管当时有反对者质疑，但是由于很多人不愿触犯宗教情感对巴斯德的论点进行评判，阻碍了科学家们对生命起源的探索和讨论，甚至影响了现代某些科学家对生命起源的认识。例如，DNA 双螺旋结构发现者之一，著名分子遗传学家、分子生物学家、结构生物学家弗朗西斯·克里克（Francis Crick）就认为，地球生命来自外星空间。

　　在科学史中，像这类为科学而争论的小故事不胜枚举，即使是著名的科学家也难免存在偏见。尽管如此，他们仍不愧为伟大的科学家，值得我们敬仰和感谢，感谢他们的真知灼见和创新发现，感谢他们对科学做出的杰出贡献。科学就是求实、求是。"理无常是，事无常非"（《列子·说符》）、"以道观之，物无贵贱"（《庄子·秋水》），讲的就是科学，就是遵从事实和自然规律，世间万物各有所长，没有贵贱之分，也没有永远的正确或错误，对待科学只有勇敢地探索、认真地实践。只有实践才是检验真理的客观标准。

　　"胚种论"主张，生命存在于整个宇宙，这种微观生命是通过宇宙中的尘埃、流星体或其他太阳系小星体等穿过星际空间以耐热芽孢或其他形式播种到早期地球。总之，这种假说主张生命源于地球之外，但不解释它的起源；这种微观生命的分布可以发生在星系之间，而不仅限于太阳系。这一学说由瑞典化学家斯万特·阿伦尼乌斯（Svante Arrhenius）提出。他认为地球生命起源于显微芽孢（即胚种），芽孢通过辐射压在行星之间或星系之间浮动，最后降落在某个环境适合的行星表面，如地球，萌发成为活的生命。

"胚种论"并没有解答生命是如何开始的。恩格斯根据他的著名论断"生命是蛋白体的存在形式"就曾指出"胚种论"的本质错误。他认为该理论所依赖的承载生命的物质——蛋白质，在超强辐射情况下还能维持其稳定性与蛋白质变性的化学性质相矛盾，生命载体的永久性与生命性质（生死）的历史观也不相容。很快，"胚种论"就被高强辐射理论击垮。虽然胚种论目前已经趋于势弱，但持这种观点的研究仍在进行。

"生源论"（biogenesis）与"胚种论"核心论点相似，都认为生命是永久共存的，没有开始，而是在地球形成时或形成后极短时间内就有生命了，每个活的东西都来自先前已经存在的活的东西。换言之，生物只能通过生殖（reproduction）产生于其他有生命的物质，是"活的生物产生活的生物"的生物学过程，所以称为"生物续生论"。顺便说一句，除了可以翻译为"生源论"，biogenesis 还有"生物合成"的意思，代表细胞和生物体内的合成反应。实际上，"生源论"也避开了生命起源这个关键话题，遭到了其他学说的反驳。现代科学证明，地球形成后的早期（46亿~40亿年前）并没有生命，生命是物质发展到一定阶段的产物，所以生命绝不是永恒的，也不会像物质存在那样古老。事实上，恩格斯在结合蛋白质的生物化学稳定性批判"胚种论"错误的同时，一语双关地结合自然科学观和辩证唯物主义的哲学观反驳了"生源论"，也就是对"生命永恒论"的强力驳斥。

四、"无生源论"是解释生命起源的主流学说

"无生源论"（abiogenesis）的基本理论是，早期地球生命形式是经历数百万年的化学和分子进化的若干阶段，从无生命形式的物质产生的。此后，"无生源论"几乎作为生命的起源的代名词，在科学界被绝大多数科学家所认可和接受，是解释、揭示生命起源的主流或核心学说。很多现代生命起源的模型都是基于该理论对有机分子的起源和分子进化进行的详尽阐述或补充。

追溯术语名词演绎的历史，"biogenesis"一词是由 19 世纪的英国生理学家、神经病学家亨利·查尔顿·巴斯蒂安（Henry Charlton Bastian）首先提出的。1869 年，巴斯蒂安在与爱尔兰物理学家约翰·廷德尔（John Tyndall）交换资料时，在他尚未发表的《生命起源或发生》（*Life Origination or Commencement*）一文中第一次使用了"biogenesis"一词。1870 年，当专

门从事比较解剖学研究的英国生物学家，达尔文进化论的拥护者和斗士托马斯·亨利·赫胥黎（Thomas Henry Huxley）作为英国科学促进会新一任主席走马上任时，专门发表题为"生源论与无生源论"的致辞，正式发布了这两个术语，并对比介绍了"生源论"及与其相对的"无生源论"的概念和用途。赫胥黎特别强调，"biogenesis"意指"复杂的活的生命（形式）产生于已经存在的生命"，而"abiogenesis"是指"生命产生于无生命物质"，希望避免混淆。

托马斯·亨利·赫胥黎

托马斯·亨利·赫胥黎

1845年毕业于伦敦查林·克劳斯医院医学院。1846~1850年以海军助理外科军医的身份随"响尾蛇"号军舰航行澳大利亚等地，研究海洋生物。19世纪50年代，首次指出刺胞动物的内外两层体壁，相当于高等动物的内外两胚层；解决海鞘目生物中的"附属类"问题。

赫胥黎不但在海洋生物学、比较解剖学、古生物学等方面作出重要贡献，在其他方面也作出很多独特的贡献。1859年达尔文《物种起源》一书发表后，他竭力支持和宣传进化论，自称是达尔文进化论的"总代理人"。1860年在牛津英国科学促进会的会议上，他与当时的宗教势力进行激烈辩论，有力地驳斥了威尔福克斯主教的谬论，捍卫达尔文进化论。此后，赫胥黎致力于古人类学、人种学、民族学等的研究：第一个提出人类起源的问题，首次提出人猿同祖的科学论断，用进化理论证明了人类在自然界中的位置；首次科学鉴定尼安德特人在人类演化过程中的地位；在全面研究过世界古今人种的人体形态后，于1870年提出四大人种分类法；认为社会文化的进化与生物进化不同，在社会文化的发展进化中"生存竞争"不起作用，起作用的是"享乐竞争"。

五、化学进化论和达尔文进化论支持"无生源论"

在19世纪后期，当巴斯德与伯纳尔围绕"生源论"和"自生论"进行争论时，仍旧流行着神力（life force）创造生命的错误认为。著名的自然主义者达尔文在《物种起源》（The Origin of Species）中提出的生命通过自然选择而发生进化的理念则终结了形而上学的造物神说。

前已述及，"无生源论"作为生命起源被认可的方式，被很多科学家看作是解释、揭示早期地球生命的起源（非生命物质产生生命）的主流或核心学说。19世纪中期以后，很多科学家开始致力于"无生源论"研究。在1828年以后的几年里，德国化学家利用无机化学分子，先后成功地合成了只有在生命体才能生成的尿素及其他的有机（碳–氢）分子。这更强化了科学家们对"无生源论"的信念，赫胥黎在他的著作《原生质：生命的物理基础》（*Protoplasm: The Physical Basis of Life*），约翰·廷德尔（John Tyndall）在《贝尔法斯特宣言》（*Belfast Address*）中均阐述了无机化学产生生命。确实，要研究"无机化学产生生命"是极其困难的。采用化学进化论解释从无生命物质转变为有生命实体的过程极其复杂，涉及分子自我复制、自我组装、催化和细胞膜形成等复杂的渐进过程。严格讲，当今地球与远古时期生命发生的条件明显不同，所以研究生命的自然发生的理论、方法必须采用多学科融合的策略，涉及天体物理学、地球物理化学、海洋学、古生物学、分子生物学和生物化学等多门学科，来共同揭示原始化学反应是如何产生生命的，如何构建成生命所需要的 4 类基本化学物质——脂类（脂肪细胞壁）、碳水化合物（糖、纤维素）、氨基酸（蛋白质代谢）和核酸（自我复制的 DNA 和 RNA）。

针对早期地球生命可以自发发生的可能性，科学家们提出的任何假说和理论，都必须回答或解决几个关键问题。

需要解决的关键问题之一就是组成生命的物质——化学元素的来源。与远古时期的地球环境完全不同，现在的地球上已经具备了构建生命的糖类、脂类、蛋白质及核酸等各种组件分子，以及适宜生命的各种环境条件。难怪达尔文在 1863 年写给约瑟夫·道尔顿·胡克（Joseph Dalton Hooker）的信中写到："'考虑生命在现在的起源'简直太荒唐了，是不是他们还应该考虑一下物质（在现在）的起源呢？"尽管这是一句写给挚友的玩笑话，但是这两个密切相关的问题的确是探索早期地球生命发生所必须要考虑的，这也是过去研究生命起源的学者们感到困惑的难题。现代天体物理学家提供的证据表明，在天体内部或当超级新星爆炸时，"热核反应"可以产生比氢（H）和氦（He）更多的门捷列夫周期表中的各种元素。两个轻的原子核通过粒子相互作用，在极高温条件下发生碰撞，融合为一个较重的原子核，并伴随相对较大的能量释放，称为"热核反应"（thermonuclear reaction）。随后，超级新星爆炸和星风会将这些化学元素散播到宇宙中，随之产生星和小行星。已有证据表明，这类热核反应经常发生，其中某些热核反应的发生可能更频繁。这些事实导致了一种推测：主要化学元素广泛地分布在整个宇宙。

另一个解释生命起源的关键问题与热力学第二定律（second low of

埃尔温·薛定谔

thermodynamics）相关。19 世纪奥地利物理学家卢德维奇·伯兹曼（Ludwig Boltzmann）首次提出，有关活的生物体存在的争论既不是"生物质"也不是能量，而是在一个不可逆系统中由光谱转变为热的过程中"熵"（entropy）是如何产生的。

什么是"熵"？"熵"代表一个体系能量的分散程度或状态，或一个体系的质点散乱无序的程度。当一个体系的质点变得更混乱时，熵值（用 S 表示）增加。热力学第二定律讲的就是，"热"只能从高温向低温物体传递。当热从高温物体或环境向低温物体或环境传递时，原来集中在高温物体的能量分散到与它相联系的低温环境的质点中，能量分散程度增大，熵值增加，这个过程可以自发进行。如果想使该过程向相反方向进行，必须改变环境的压力、温度等条件。20 世纪奥地利物理学家埃尔温·薛定谔（Erwin Schrödinger）在他的《什么是生命》（*What is Life*）一书中认为伯兹曼的发现（活的生命体系具有不可逆的热动力学特性）从本质上揭示了生命起源和进化的物理和化学问题，具有重要意义。从无生命物质产生生命实体的过程涉及的分子自我复制、自我组装等都可以看作是有序性增加，是无序性的逆反应，这就需要能量。无疑，能量来自太阳。1967 年，著名的物理化学家伊利亚·普利高津（Ilya Prigogine）设计、发明了一个巧妙的数理公式和实验，用来分析在化学能存在条件下物质是如何进行"自我组装"的。这个公式就是后来著名的"经典不可逆热动力学"（classical irreversible thermodynamics），普利高津也因为他对"非平衡热动力学"（non-equilibrium thermodynamics）的杰出贡献而荣获诺贝尔化学奖。普利高津的分析结果证明，如果对一个系统施加外部能量，任凭其发展，物质会发生自动组装，降低"熵"，形成所谓的"消散结构"（dissipative structure），形成的消散结构会增加能量的分散，扩大整体"熵"的产生。因此，在早期地球生命发生时的分子组件的组装与"熵"的产生并不矛盾，符合热力学第二定律。2009~2017 年，有学者将伯兹曼和普利高津的发现综合为"生命起源和进化的热力学消散理论"，有机色素及其在地球表面蔓延的消散结构就是生命起源和进化的标志。现在的生命可以通过水中的有机色素使紫外线和可见光转变为热能，增加地球在星际环境中"熵"的产生。因此，有当代学者主张，如果现在生命的热力学功能是通过有机色素的光子消散产生"熵"，那么这种功能就很可能在原始生命发生时发挥作用，继而热可催化二次消散过程，如水循环、海洋和风的流动，以及

埃尔温·薛定谔

1927 年，薛定谔在莱比锡出版了他的《波动力学论文集》，收集了他关于波动力学的九篇论文。在柏林期间，他一方面致力于完善和推广波动力学，尤其是发展相对论波动力学，即狄拉克电子理论，并曾试图在广义相对论的时空框架中，用波动力学来描述暗物质的分布。另一方面，他积极加入了玻尔－爱因斯坦关于量子力学诠释问题的争论，提出了著名的薛定谔猫佯谬，对哥本哈根学派的量子力学解释提出了批评。

在都柏林时期，薛定谔的研究领域包括波动力学的应用及统计诠释，新统计力学的数学特征，时空结构和宇宙学理论等。他在讲课的基础上写作了《统计热力学》一书，其中对那些通常被忽略的重要问题，如能斯特定理和吉布斯佯谬等，作了较详细的讨论。宇宙学方面的研究则反映在《时空结构》和《膨胀着的宇宙》这两本书中。与晚年的爱因斯坦一样，这个时期薛定谔以特别的热情致力于把爱因斯坦的引力理论推广为一个统一场论，但也没有取得成功。

1944 年薛定谔还发表了《生命是什么》一书。在此书中，薛定谔试图用热力学、量子力学和化学理论来解释生命的本性，引进了非周期性晶体、负熵、遗传密码、量子跃迁式的突变等概念。这本书使许多青年物理学家开始注意生命科学中提出的问题，引导人们用物理学、化学方法去研究生命的本性。其中既包括第二次世界大战中服务于军事部门的弗朗西斯·克里克和莫里斯·威尔金斯，也包括正在大学学生物，因读了这本书而"深深地为发现基因的奥秘所吸引"的詹姆斯·沃森。正是这三人于 1953 年发现了遗传物质 DNA 的双螺旋结构，并于 1962 年获诺贝尔生理学或医学奖。这使得薛定谔成为今天蓬勃发展的分子生物学的先驱。

飓风发生等。

此外，还有很多与生命起源相关的科学问题，包括有机分子的化学起源、自催化、自我包装、自我复制、增殖、生物化学代谢，以及生命起源的 RNA 世界等。下面将结合一些现代理论或假说，重点讨论化学进化问题。

六、"原始汤"假说是现代阐述化学或分子进化的典型代表

现代科学家们已经提出多种关于生命起源的理论或假说。在科学家们提出的几个近似的假说中，尽管细节不同，但具有一个共同特征：都是根据生物化学家亚历山大·奥帕林（Alexander Oparin）和科学家约翰·霍尔登（John Haldane）提出的"生命的分子或化学理论"为基础设计、提出的。奥帕林－霍尔登的"原始汤"理论框架为，组成早期细胞的一些首要分子是在自然状态下经过分子进化的缓慢过程合成的，这些分子随后组成符合生物学规则的首个分子体系。奥帕林和霍尔登认为，早期地球大气性质可能具有化

学还原性，基本组成有甲烷、氨、水、硫化氢、二氧化碳或一氧化碳、磷酸盐，此外可能还有少量氧分子及臭氧，抑或没有，大气中的这些成分可以通过电活动产生生命的某些小分子单体，如氨基酸。

2016年12月，曾有天文学家报道，生命最基本的化学成分——碳–氢基团、碳–氢阳离子和碳离子都是通过星际紫外线照射从而产生的。复杂的有机分子则是在空间和行星上自然发生的。有机分子的化学起源学说认为，早期地球上的有机分子有两种可能的来源：①地球来源——由巨大撞击或其他能源，如紫外线、氧化还原反应或放电产生；②地球外来源——由星际间的尘云产生。地球来源的有机分子的典型证据来源于米勒–尤里实验。

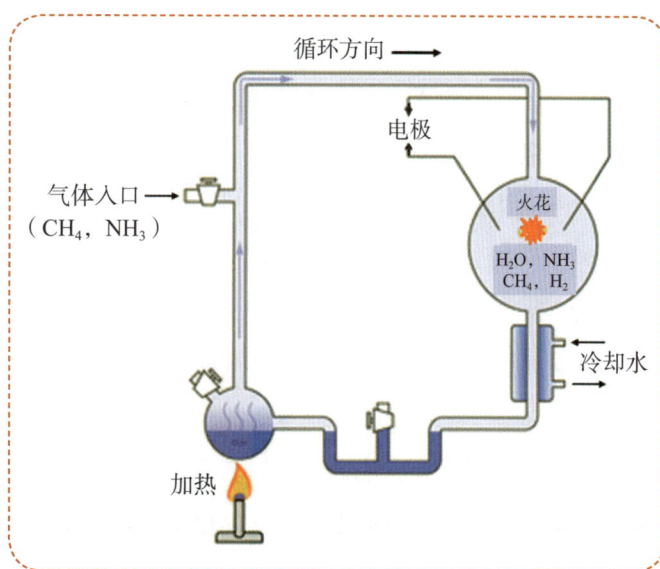

米勒–尤里实验

1952年，斯坦利·米勒（Stanley Miller）和哈罗德·尤里（Harold Urey）将高度还原性的气体混合物——甲烷、氨、氢气和水蒸气通过一个能对它们放电火花的密闭、循环装置。一周后，发现反应系统内有约10%~15%的碳形成了有机化合物的消旋体（即含手性分子的左右手对映体）混合物，其中包括组成蛋白质的某些简单的氨基酸单体。米勒–尤里实验证明了奥帕林–霍尔登提出的"原始汤"假说：大气在有能量存在时可以产生有机化合物单体。

谈到"原始汤"，不能不谈一谈奥帕林的科学思想。奥帕林在他的专著中强调，曾经被巴斯德驳斥的"生命的自发发生"（注意：不是亚里士多德的"自生论"版本）事实上的确发生过，但是现在不可能发生了，因为早期地球的条件、状态已经发生了变化，而且原始存在的微生物可能即刻消耗了任何自发产生的有机体。奥帕林认为，大气中的氧可能会阻止有机化合物的合成，而有机分子的"原始汤"在无氧的大气中是可能通过太阳光的照射作用产生的。这些原始汤分子在凝聚成"小（水）滴"之前，可能会以更复杂的形式存在。"小滴"通过彼此汇合而生长，并可能通过融合子代而再生，于是有了原始的代谢。霍尔登也曾提出类似"原始汤"的假说，他认为当时地球的原生海洋可能有一个他称之为"热稀释汤"形成的过程，这样才能在其中形成有机化合物。

奥帕林－霍尔登的"原始汤"理论可以概括为如下特性：①早期地球上已经有了还原性大气；②有能量存在时，大气中可以产生有机化合物单体；③生成的化合物在"汤"中积累，汤在各种场所（如海岸线的满潮线与退潮线之间的中间带等）定位与浓缩；④经过进一步转化，更复杂的有机多聚体和最后的生命在"汤"内发生了。

在讨论"原始汤"时，伯纳尔将霍尔登的"热稀释汤"形成过程称为"生体创建"（biopoesis），大意是说，该过程是从有生命物质的自我复制开始进化的过程，而不是无生命分子发生的过程；同时他认为"生体创建"包括3个中间阶段。

总而言之，奥帕林、霍尔登、伯纳尔和米勒等提出假说的核心就是，原始地球的多种条件有利于化学反应的发生，从简单的前体合成了一套有机化合物。2011年，采用现代更先进的分析设备和技术对米勒－尤里实验留存下来的内容物进行再分析，检测到了比当初发现的生化分子更多的物质；其中最重要的发现是23种氨基酸，远比当初发现的5种多得多。伯纳尔认为，这样的结果不仅能够充分解释分子的形成，以及哪些分子对生命形成是必需的，且意义更大的是，应用物理化学解释了这些分子的起源，并提示需要适当的自由能才能形成分子。基于米勒－尤里实验和类似的研究，科学家们提出了各种外部能量来源，如光照和辐射可激活这些化学反应。

2017年10月的一项实验研究报告支持另一种假说：生命可能在地球形成后、RNA分子在"温暖的小池塘"出现之时就开始了。因为研究无生源论的很多方法都是研究分子如何进行自我复制，以及复制分子的组成和生成，所以近年有些学者认为，当今地球上的生命是RNA世界的后裔或由RNA遗传下来，尽管以 RNA 为基础的生命可能不是第一个已存在的生命。2018 年 10 月，麦克马斯特大学（McMaster University）的研究者发明了一种称作"行星模拟"的新技术，其中包括了巧妙设计的气候室，用来研究生命构件是如何组装的，生命前分子是如何转化为有自我复制能力的 RNA 分子。这项技术有可能协助科学家研究地球及地球外生命的起源。

七、"生体创建"分为 3 个中间阶段——从分子起源到细胞形成

伯纳尔在 1949 年提出了"生体创建"（biopoiesis 或 biopoesis）这一术语，用来阐述生命起源。1967 年，他建议将"生体创建"分为 3 个阶段——生物单分子起源、生物聚合体起源及分子进化为细胞。

在 20 世纪 50~60 年代，西尼·福克斯（Sidney Fox）为了解释伯纳尔倡导的无生源论的中间阶段，研究模拟了早期地球可能的条件下的短小肽链结构的自发形成。他在加热中搅动，使氨基酸干燥，在生物发生前的状态下形成了干（燥）点子，结果发现干燥后的氨基酸形成了长的细线样（有时呈交叉连接）的亚显微的多肽分子，即"类蛋白（质）微球体"，证实了生物聚合体形成的中间阶段的存在。福克斯进行的另一个科学实践是，当他从夏威夷的火山灰烬收集火山物质时，发现在火山灰烬表面下约 10 厘米处温度是 100℃，他认为这可能是创造生命的环境，能形成分子，而后随着火山灰被带入大海。于是，他将甲烷、氨、水和消过毒的所有物质衍生的氨基酸用熔岩团包埋、覆盖，放在玻璃炉中烘烤数小时后，有棕色、黏稠的物质——类蛋白在团块表面形成，之后类蛋白进一步结合、形成小球，福克斯称之为"微球体"。尽管他的类蛋白能形成类似蓝藻样的菌丛或集落，但是没有功能核酸和任何编码信息，所以不是细胞。

发生在早期地球的化学过程称为化学进化。参与细胞组成的分子，如蛋白质、DNA 和 RNA 的序列组成发生改变的过程称为分子进化。到 19 世纪末，分子进化的研究任务是物质从无活性到活性（如 RNA 分子的复制）状态的发育过程。曼弗雷德·艾根（Manfred Eigen）和索尔·斯皮格尔曼（Sol Spiegelman）证明，包括复制、变异和自然选择在内的发育过程是可以在分子群中发生的。1965 年，斯皮格尔曼利用自然选择的优点合成了"斯皮格尔曼怪兽"（Spiegelman Monster）。实际上，这是一个从细菌 RNA 结构进化而来，含有 218 个核苷酸的 RNA 链，可通过 RNA 复制酶进行 RNA 复制。

1997 年，艾根仿照斯皮格尔曼的工作，也获得了有 RNA 复制酶结合活性，但核苷酸数目只有 48 或 54 个核苷酸的 RNA，证明了分子进化和 RNA 的复制活性。

在伯纳尔的"生体创建"的三个阶段假说中，第三阶段是最难研究的，需要发明一些技术和方法，利用这些方法使生物反应能够掺入到细胞里面，在细胞内进行反应。目前，这类工作正在进行中，即细胞膜的自组装，以及采用各种基质制作成微孔膜，目标是构建独立的活细胞。继化学进化之后进入生物进化阶段，导致首个细胞生命的自然诞生。

在当前的各种科技研究领域中采用的信息处理和知识编排策略有两种。一种是"自上而下"的策略，称为"顺向"（top-down），另一种是"自下而上"的策略称为"反（逆）向"（bottom-up）。为了研究生命起源，人工合成生命细胞成为当今的活跃领域。迄今为止，还没有人能够通过反向法，利用生命所必需的最简单、最基本的化合物成功地合成"原始细胞"。因此，合成生命细胞的研究开始转向化学合成。但是，也有人主张，顺向法可能是一种可行的策略。2010 年，克莱格·温特（Craig Venter）等人采用顺向策略，通过改进的细胞基因工程技术，设计、合成、组装了牛肺疫支原体的基因组，转入感染羊的一种支原体受体细胞，成功获得了新的支原体细胞。他们这样做的真正目的是，希望构建的细胞能够具有表现性状表型和自我复制的能力，而后再结合基因突变技术用来研究、确定人工合成生命的最低需要。这也是对探索伯纳尔建议的"生体创建"第三阶段研究中方法学和策略的探索和尝试。

NASA 主张，特别需要揭示出具有潜在原始信息的多聚体分子的化学属性。可复制、可储存遗传信息的多聚体的发生，以及多聚体经历选择时所能表现出的特性将是生物发生前的化学进化发生的关键阶段。

病毒的起源

一、"病毒优先"（virus first）——一种早期病毒起源的假说

病毒是核酸与蛋白质组成的核蛋白体，它有有生命和无生命两种状态。在一定条件下（如感染宿主后）病毒是有生命的，而在另一种条件下是没有生命的。

研究病毒起源的困难之一是病毒的高突变率。2015年，有研究者通过比较生命系统发育树中不同分支的蛋白质的折叠结构，重建了蛋白质的折叠进化史，以及为这些折叠的蛋白质编码的基因组的进化历史。他们发现，蛋白质折叠是远古事件的重要标志，因为即使在编码序列开始发生变化时，仍然可以维持蛋白质三维结构。一种合乎逻辑的推理是，病毒蛋白的出现会留下古代进化历史的踪迹，采用生物信息学方法可以揭示、收集进化的痕迹。这些研究者认为，基因组的长期选择压力和病毒颗粒变小最终导致病毒细胞完全、彻底地丢失了原有的细胞结构，演变为现代的病毒，又经过漫长的过程特化为现在的细胞。这个研究结果提示，原始病毒曾经与现代细胞的祖先共存。换句话说，最早发生的是"病毒细胞"，这种古代细胞含有片段化的RNA基因组。

目前对"病毒优先"假说仍然存在较大的争论。为此，天体生物学家建议，假使病毒的出现早于细胞，不妨在地球以外的其他天体（例如火星）去寻找病毒，来证明病毒优先假说。尽管这种建议有些令人茫然，但仍不失为一种合乎逻辑的思维。事实上，科学家们正在尝试着探索地球外的生命形式

存在的可能性。总之，至今病毒的起源仍然不是很清楚。

二、现代病毒依赖宿主细胞而存活和增殖

病毒结构简单，由蛋白质外壳包裹遗传物质（DNA 或 RNA）而组成，没有细胞结构，因此病毒不能独立生存，必须感染宿主、依赖宿主细胞的营养物质，进行自主复制病毒的子代 DNA 或 RNA，合成自身的蛋白质等，再包装成新的病毒，从而存活及繁殖。病毒的生命过程大致分为5 个步骤：吸附；注入（遗传物质）；合成（逆转录整合入宿主细胞 DNA）；装配（利用宿主细胞转录 RNA，翻译蛋白质再组装）；释放。

病毒种类繁多，有以植物、动物为宿主的，有以细菌为宿主的，分别称为植物病毒、动物病毒和噬菌体，后者是感染细菌、真菌、藻类、放线菌或螺旋体等微生物的病毒。所有病毒根据所含遗传物质不同，又有单链 RNA 病毒、（分段）双链RNA 病毒、单链 DNA 病毒和双链 DNA 病毒。绝大多数植物病毒为 RNA 病毒（少数例外）。感染动物的 RNA 病毒有人类免疫缺陷病毒（艾滋病病毒或称 HIV）、SARS 病毒、埃博拉病毒、甲型 H1N1 流感病毒、禽流感病毒、甲型肝炎病毒等；常见的 DNA 病毒有天花病毒、乙型肝炎病毒等。其中，HIV 是一种单链 RNA 病毒，感染宿主细胞后，利用自己编码的逆转录酶在宿主细胞内经逆转录生成 DNA，复制成双链 DNA 后可以整合进宿主 DNA，再转录、生成病毒 RNA，包装后生成子代 HIV 病毒。

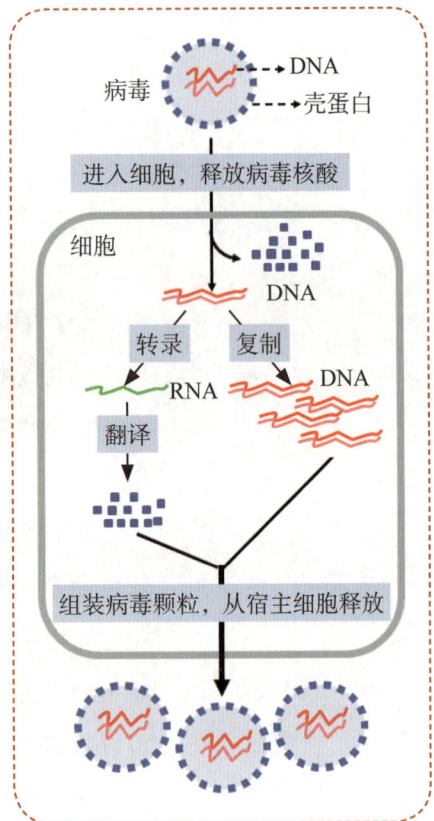

（双链 DNA）病毒生命周期示意图

埃博拉病毒

丝状病毒科丝状病毒属的一种。能引起一种烈性传染病——埃博拉出血热。临床上，埃博拉出血热与由另一丝状病毒引起的马尔堡病毒病相似，后者流行较前者更常见而受到关注。两种病毒均为高致死病毒，操作和处理需最高等级（P4 级）安全防护设施和措施。埃博拉病毒于 1976 年在非洲扎伊尔及苏丹首次流行的埃博拉出血热患者中分离出。其病毒毒粒为多形性、长丝状，一端轻度弯曲，常见分支，可卷曲成"U"形、拐杖形或环形。其长度差别很大。内部为螺旋状结构。外面有刷样排列的突起。毒粒有包膜、不分节段、单股负链 RNA。

细菌微生物和原始细胞的起源和发生

一、细菌微生物的起源和发生

除了早期地球微生物生命开始于温湿通气孔或海底热液区附近的假说，托马斯·高尔德（Thomas Gold）在 1992 年还曾提出一个"深 - 热生物圈"假说："深 - 热生物圈"中微生物赖以生存的食物流动是来自于地幔原始甲烷的气化。如何认识或联系这些假说，我们可能得依靠科学家们的解释。还有一种常规的关于深层微生命的能量供应的解释：有机体依赖岩石中的水与还原铁相互作用释放的氢气维持生命。2013 年在《FEMS 微生物通讯》（*FEMS Microbiol Lett*）中曾有报告支持这种解释：氢气既可进行无氧氧化，也可进行有氧氧化，释放能量。已知很多原核生物是以氢作为电子供体，氧化供能，维持生长。这不仅对我们认识生命起源有帮助，对我们研究生态环境、探索新能源也有重要意义。

二、现今活细胞的祖先——原始细胞

原始细胞是现今活细胞的祖先，是一种自我组装、自我编排的单层磷脂膜球形集合体。自我组装的小囊泡是原始细胞的基本成分。初级的原始细胞具有简单的物理化学性质，可以产生基本的细胞行为，包括原始形式的生殖竞争和能量储存能力。膜与包被的内容物之间发生协调相互作用可能导致了原始细胞向真正的细胞转化。在这种转化过程中，膜分子之间相互竞争，组成膜的交联脂（肪）酸和磷脂显示出了进化选择的优势，有利于膜的稳定。

2002 年，有科学家证明，在含有脂酸（脂球）的溶液中加入一种柔软的叶硅类矿物质泥土，可以促进包囊的形成。这种微膜包被可允许小分子交换，但阻止了大分子的膜转运，确保了膜内代谢的进行。另外，原始细胞的包囊化增加了细胞内包含物的溶解度，并形成电化学梯度，储存能量。

1963 年，印度化学家科里施那·巴哈杜尔（Krishna Bahadur）采用光化学反应，用简单的无机物和有机物合成了一种被称之为"基瓦努"（Jeewanu）的化学颗粒，颗粒具有细胞样的结构和原始细胞的某些功能特性，如具有某些代谢能力、半透膜、氨基酸、磷脂、碳水化合物及 RNA 样的分子。现在有很多实验可以证明，在有光照的脂溶液中可以自发地形成磷脂双层闭合的脂质体结构，这或许是能够在远古时代的自然界重演的。然而，究竟简单的原始细胞是如何发生的，为什么会与子代生命有区别而发生了进化，至今这些问题仍不清楚。

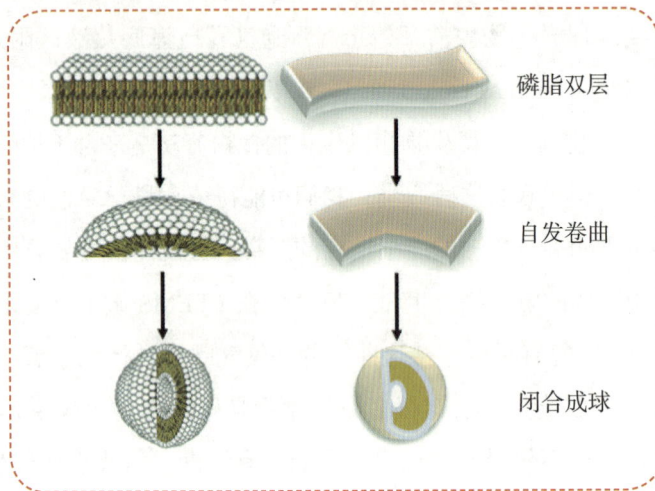

磷脂双层

自发卷曲

闭合成球

脂质双层结构及自发闭合特性

三、细胞增殖——细胞产生细胞

无论是由单细胞构成的原核生物（如细菌、支原体）、真核生物（如酵母），还是多细胞的高等真核生物（如哺乳动物），个体发生和发育都依赖细胞的分裂或增殖，即活细胞产生活细胞。

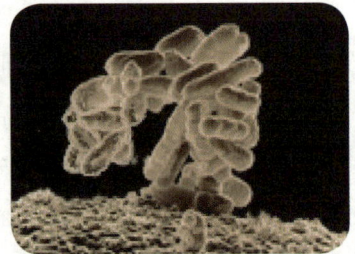

增殖中的大肠杆菌菌落

高等生命体的发生
——受精与胚胎发育

每个物种都在繁殖自己的后代，延续着自己的物种。包括我们人类在内的高等生物体属于多细胞生物，由结构和功能不同的多种细胞组成；组成人体的细胞数达 10^{13} 个以上。

研究地球上的早期生命是很困难的，但是研究现在的动物、植物和微生物的产生则容易多了，特别是我们人类对现在的自己是怎么产生的，这方面的了解相对更多一些。下面在简单讨论病毒、细胞是怎么产生的基础上，重点讨论我们人类个体是怎么产生的。

探索、揭示动物、植物和微生物，特别是高等哺乳动物及人类生命体的发生不仅对生命科学发展有促进作用，而且对促进人类健康和社会生产力的发展都是极其有益的。在两个世纪之前，胚胎学家便对精子与卵子的奇妙关系产生了极大兴趣：是什么原因使得雌雄配子能相互识别？卵是如何区别同种与异种精子的？为什么在通常情况下，高等动物的卵与一个精子结合？在过去的数百年间，人们对上述问题进行了广泛的推测与激烈的争论。然而，只至近百年来，特别是在 20 世纪 50 年代以后，随着相差显微镜、电子显微镜的应用，以及体外受精技术的建立与发展，上述问题才逐渐变得明朗。科学的认知和理论的发展依赖技术的发展和创新。20 世纪 70~90 年代末及 21 世纪初相继问世的"DNA 克隆"（又称"分子克隆"或"基因克隆"）技术、"体细胞核移植"技术、"单精受精"技术（即精子微注射）、人类基因组计划（human genome project），以及干细胞，尤其是胚胎干细胞（embryonic stem cell）的研究与应用，使得生命科学飞速发展，在新理论、新技术不断涌现的同时，也给人类社会带来了诸多的伦理争论。显然，这些技术的科学、规范应用必将造福人类。

一、受精——孕育新生命

（一）受精从精、卵细胞"对话"开始

受精是指精子与卵子结合的过程，其中包括雌雄配子的特异性识别、精子进入卵内、两性原核的形成及融合等一系列过程。当两个原核相互融合成一个细胞核，并开始发育，一个新的生命体就开始了。

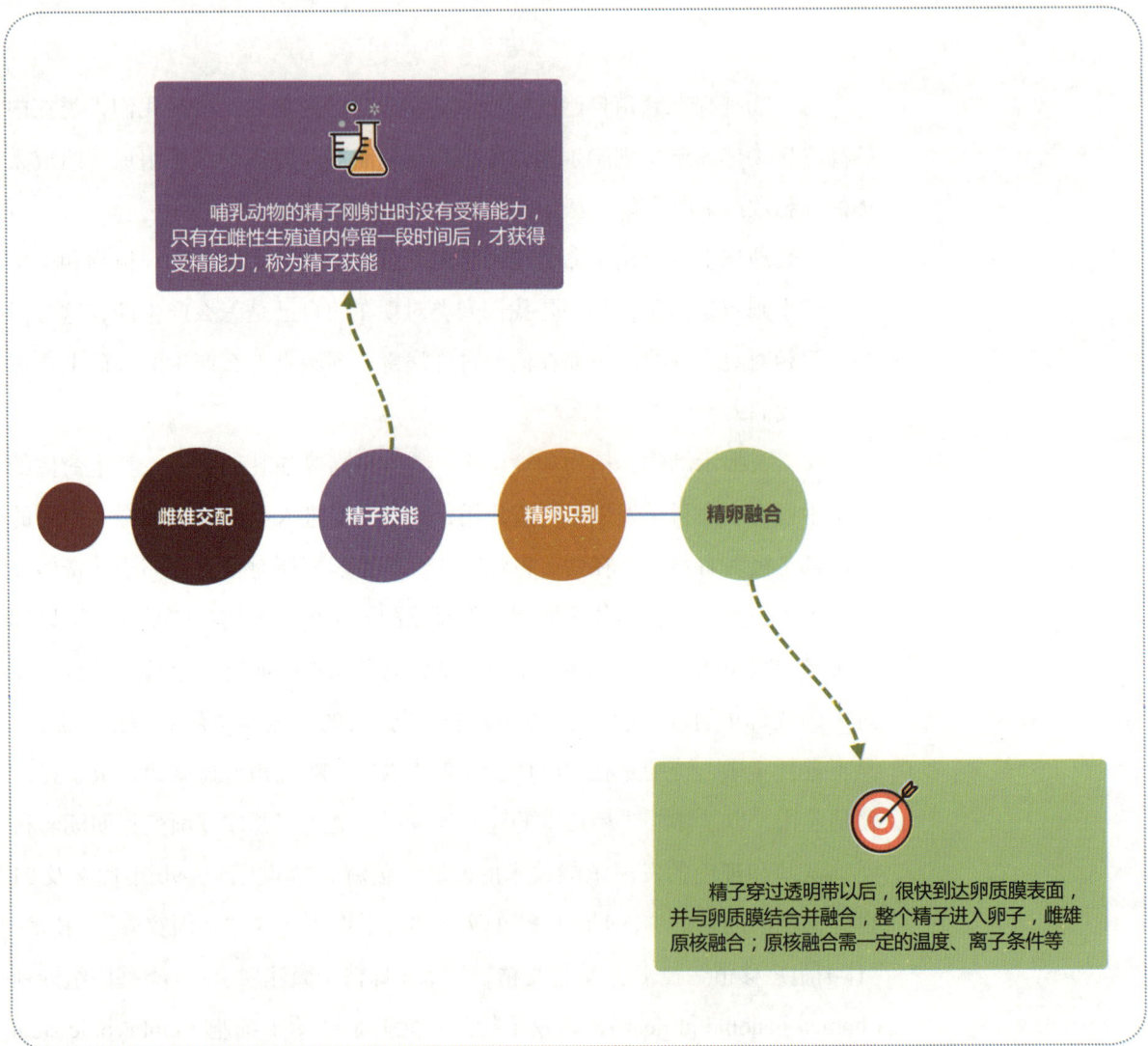

哺乳动物的精子刚射出时没有受精能力，只有在雌性生殖道内停留一段时间后，才获得受精能力，称为精子获能

雌雄交配　精子获能　精卵识别　精卵融合

精子穿过透明带以后，很快到达卵质膜表面，并与卵质膜结合并融合，整个精子进入卵子，雌雄原核融合；原核融合需一定的温度、离子条件等

在讨论受精前，让我们来看一个有趣的现象：当把海胆的精液滴入盛有普通海水的烧杯中，精子会表现出"有气无力"的样子；此时若将曾经孵育过海胆卵细胞的液体加入烧杯，精子会立即骚动起来，变得异常活跃。为什么会出现这种现象？科学家们解释说：这是因为孵育过海胆卵的液体中含有某种信息物质。此外，科学家还发现，海胆精子的表面存在有特异性受体，可以识别、接受卵细胞分泌的信号分子，从而使精子可以朝着卵细胞游去，这个现象提示，精子与卵细胞之间似乎存在着"分子对话"。那么人类受精过程中是否也存在这种对话分子呢？如果有，我们能"窃听"到吗？如果能窃听得到，我们可否促使对话成功，从而帮助不孕者妊娠，或是干扰这种对话以阻止受精，达到避孕的目的？显然探究受精现象中的这些问题将会对人类社会产生积极的影响。

（二）精子获能使精子处于高度激活状态

因为配子间的融合发生在体内，所以很难观察到早期配子间的相互作用，也给研究哺乳动物和人的受精过程带来很多困难。早期的研究者们为此曾不遗余力地在体外模拟发生在体内的这一生理过程，但是均以失败而告终。当时，研究者都是直接从雄性动物采集精子，却不知这样的精子不能穿越卵细胞外的保护层和膜系统而真正地与卵相接触。后来，科学家们才认识到，精子只有在雌性生殖道（阴道）内停留数小时后才能获得进入卵内的能力。美籍华裔生殖学家张民觉和澳大利亚生物学家班尼·奥斯汀（Bunny Austin）将精子获得与卵子受精的能力，称为"精子获能"。各种哺乳动物的精子获能所需时间不完全一样，精子在雌兔生殖道内需要停留5~10小时，大白鼠精子则需停留2~3小时，小鼠精子停留时间更短。在获能过程中，精子发生一系列形态、生物化学等变化，使精子处于"高激活"状态。精子获能有两个作用：一是使精子头部顶体外膜及精细胞膜变得不稳定，形成小孔、释放顶体酶，溶解卵细胞外围结构，与卵细胞融合；另一个作用是使精子尾部发生化学变化，加强精子的活动能力。

（三）受精是精子进入卵子形成受精卵的过程

人体的正常受精过程发生在输卵管远端1/3处，也就是靠近卵巢的那一段。成熟的卵母细胞从卵泡排出。在排卵前不久，输卵管伞覆盖卵巢表面，并在破裂的卵泡上巡回移动，将卵母细胞及其外围的卵丘细胞吸入输卵管。同时，输卵管上皮表面纤毛呈节律性运动，将卵母细胞推入管内；卵母细胞与精子在输卵管壶腹部相遇，发生受精。据研究，人的一次射精的精子数达上亿个，但只有300~500个"最优秀"的精子游动大约10小时才能抵达受精部位。受精通常发生在性交后12小时左右。在排卵后24小时内未经受精的卵细胞将退化、消失。卵细胞一旦受精，雌雄原核互相趋近、融合，恢复二倍体染色体数，成为受精卵或原核期胚，外围有透明带包裹，新生命开始发育。

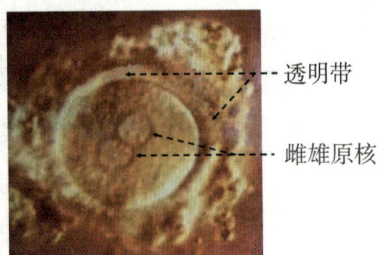

透明带

雌雄原核

人原核期胚（×10000倍）

（四）受精过程受多种因素影响

人的体内受精是一个十分严格的过程，任何一个环节不当均可能使受精失败。首先，受精要求精子有足够的数量和良好的质量。当精液量或精液中的精子浓度不足时（如寡精症），受精难以成功。此外，当精液中畸形精子数较多，或运动异常、无活力的精子较多时，也可造成男性不育。临床设有专门的受精能力试验及精子的受精率检验标准，用于判断供精者的精子受精能力。其次，人体内精卵的结合还受时间、受精位点的影响。精子在女性生殖管道内的受精能力可以维持大约24小时左右，而卵细胞在输卵管壶腹部也只可存活12~24小时。一般说来，只有精子进入女性生殖管道20小时以内，以及排卵12小时内，才能确保较高的受精概率。此外，影响受精的其他因素还有卵细胞发育状态，未成熟或超过成熟期的卵细胞常可使精子不能进入。当然，机体的整体健康状况、内分泌及生殖系统的解剖及生理状态也是影响受精的重要因素。

20世纪90年代以后兴起的显微外科技术将单个精子直接注入卵母细胞内，可协助活动力差、结构或水解酶类有缺陷的精子受精，部分地克服有上述因素缺陷的病人的疾苦，为那些精卵不能识别、精子不能进入卵细胞的患者带来了福音。

二、人体胚胎的早期发生

（一）原核期胚增殖形成胚泡

原核期胚在输卵管继续发育，并向子宫方向运行。大约在受精后30小时开始进行第一次卵裂，形成2-细胞卵裂球胚；随后经历4-细胞、8-细胞的卵裂球胚期，约在受精后的第 4 天始，球胚到达输卵管的子宫入口处，这时的 12~16- 细胞的卵裂球胚形同桑葚，故称桑葚胚。大约在受精后的第 5 天，桑葚胚发育为胚泡，进入宫腔，透明带在子宫腔分泌物的作用下变薄，逐渐消失，并与子宫内膜直接接触。与此同时，子宫腔内的液体渗入晚期胚泡的细胞间隙，间隙逐渐扩大、融合，形成一个充满液体的胚泡腔。胚泡腔的细胞分为两个部分：外周一层扁平的细胞，称为滋养层，它将发育成为胚盘的一部分；在一侧的滋养层（称极端滋养层）腔内面有一团细胞附着，称为内细胞团，它将形成胚胎的实体结构。

（二）胚泡着床形成原肠胚

大约在第 7 天，游离的胚泡开始植入子宫内膜，称为着床；它是在滋养层产生的蛋白质水解酶的水解作用下，侵袭子宫内膜组织，经历定位、黏着、穿透 3 个阶段完成的。在植入过程中，大约在受精后的 11~12 天，滋养层明显分化为 2 层，内层为细胞滋养层，外层为合体滋养层。合体滋养层伸出指状突起，深入子宫内膜。在着床的同时，内细胞团也开始分化。大约在第 2 周，内细胞团形成胚盘，由上胚层和下胚层 2 层细胞组成。上胚层又称初级外胚层，由内细胞团中央的非极性细胞分化而成，位于胚盘的上部。上胚层与滋养层间出现腔隙，逐渐扩大形成羊膜腔。下胚层或称初级内胚层是由内细胞团向着胚泡腔增殖的细胞形成，其后增殖、延伸围成卵黄囊。在第 2 周末，由上胚层细胞向囊胚腔下陷，在胚盘表面形成原条结构——由中间凹陷的原沟、前端的原结及节中央凹陷的原窝组成。原条的出现标志着原肠胚开始形成。此时，形成中胚层。另外，在原条结构及其附近的外胚层细胞向原窝方向增殖、迁移，在内外胚层之间向头端伸出一条细胞索，这就是脊索，它是人体脊柱的原基。从此胚胎便有了一条纵向的中轴。在着床过程中，子宫内膜发生同步变化，与胚泡相联系。

着床通常发生在子宫体和底部。偶有着床位置异常（如腹腔、腹膜、网膜、卵巢及输卵管等），称为异位妊娠；其中，较为常见的宫外孕是输卵管妊娠，它往往在妊娠第 2 个月左右发生输卵管破裂，突发下腹部剧烈疼痛。宫外孕若伴有严重内出血，不及时处理常可危及生命。

（三）原始胚层演化是产生各种组织器官的基础

各个胚层继续经历中间发育阶段，胚层内的细胞最终发育成人体的各种组织、器官系统。

外胚层细胞分裂、增殖迅速，形成后来的神经板－神经沟－神经管－神经嵴，最终分化为脑、脊髓、神经及皮肤。当3个胚层形成时，胚盘前端出现脊索，在脊索的诱导下，背面的外胚层迅速增厚、变宽形成板状的神经板。不久神经板两侧隆起形成神经褶及中央凹陷的神经沟。两侧的神经褶向中线相互靠拢，融合成为神经管。至4周龄时，神经管前端形成3个膨起，即为前脑、中脑和菱脑。5周龄时，前脑的前部形成端脑，继而再形成大脑半球及嗅觉中枢。前脑的后半部分化成间脑，形成渴觉中枢（丘脑）、饥饿中枢（下丘脑）、垂体后叶以及眼泡。中脑形成视觉译释中枢（视顶板）。菱脑则分为前后2个部分，前部为后脑，以后形成脑桥和小脑，后部为末脑，将来形成延髓。神经管的其余部分则形成脊索。神经管在发生过程中逐渐与

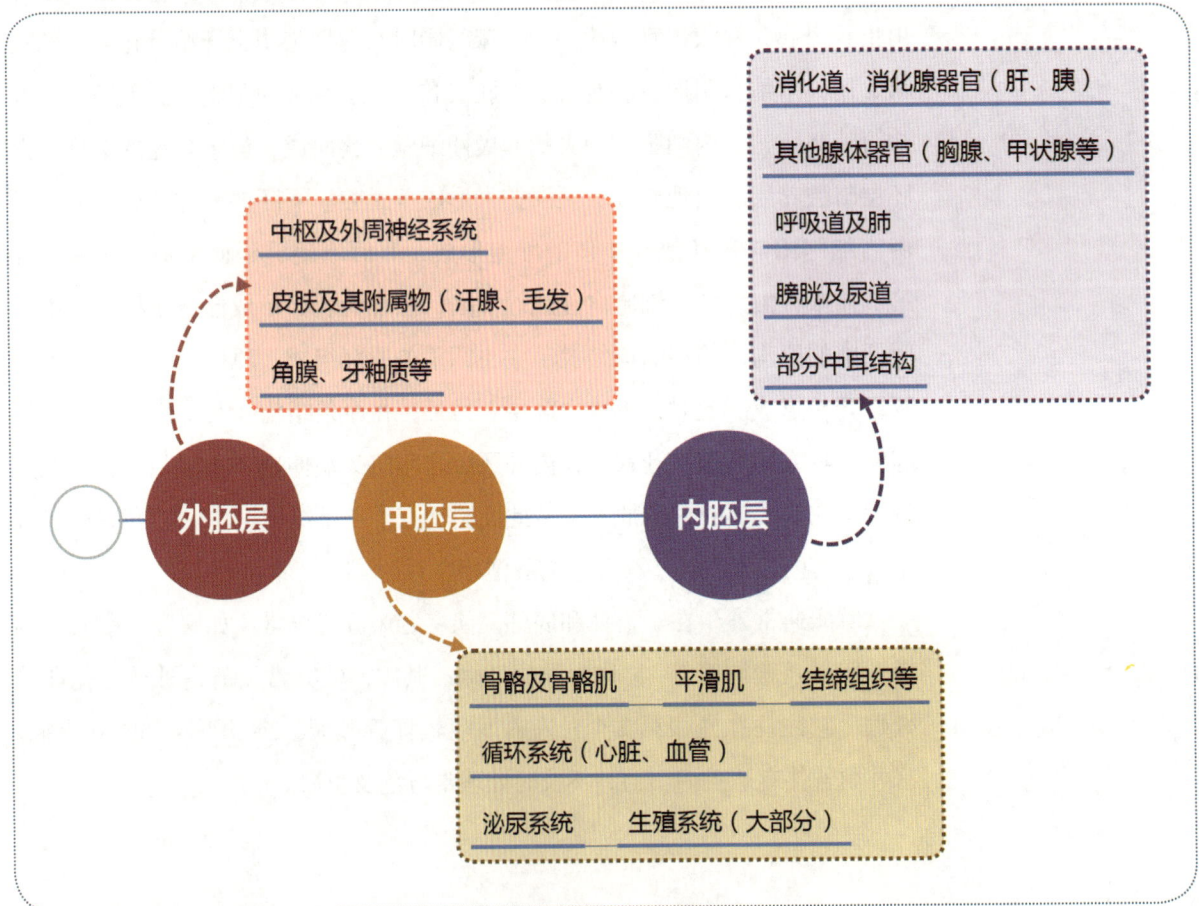

消化道、消化腺器官（肝、胰）

其他腺体器官（胸腺、甲状腺等）

呼吸道及肺

膀胱及尿道

部分中耳结构

中枢及外周神经系统

皮肤及其附属物（汗腺、毛发）

角膜、牙釉质等

外胚层　**中胚层**　**内胚层**

骨骼及骨骼肌　　平滑肌　　结缔组织等

循环系统（心脏、血管）

泌尿系统　　生殖系统（大部分）

外胚层分开。在神经褶的顶部有一窄区，它移向胚胎一侧，位于神经管和表面外胚层之间，这就是神经嵴。它从中脑一直延伸到尾部体节水平。以后神经嵴分2个部分，分别迁移至神经管的背外侧面。神经嵴细胞形成一系列的细胞丛，它们将形成脑神经和脊神经的感觉神经节。当神经管和神经嵴移入表皮之下时，其余外胚层形成皮肤及其附属结构（如汗腺、毛发等）、牙釉质、角膜等。

中胚层由中轴线向两侧分为轴旁中胚层、间介中胚层和侧中胚层三部分。在神经管两侧的轴旁中胚层呈节段性增生，分化为体节。体节由颈部向尾端依次成对发生，至第5周末大约有44对体节。随着发育，它们将分别形成肌肉、皮肤（真皮）和脊柱。间介中胚层位于体节与侧中胚层之间，为一狭长的区域，以后形成泌尿系统、生殖系统的大部分器官及相关的解剖结构。侧中胚层又称为侧板，它很快又分化为背腹两层。与外胚层相邻的一层称为体壁中胚层，与内胚层相邻的一层称为脏壁中胚层，两层之间为胚内体腔。体壁中胚层将形成体壁的骨骼和肌肉，脏壁中胚层将形成内脏的平滑肌、心脏、血管以及胚胎血细胞，胚内体腔将成为心包腔、胸膜腔及腹膜腔。

内胚层在第3周，与体节、神经管形成以及胚体延长的同时，卵黄囊顶部的内胚层也随之伸长，而且卷折成为一条柱形的管道——原肠。原肠分为前肠、中肠和后肠3个主要部分。前肠的前段将分化为咽、食管、中耳部分结构、胸腺等，在咽侧壁将形成扁桃体、甲状旁腺等，在咽的腹侧将形成气管、肺和甲状腺等；前肠中段形成胃，后段形成十二指肠、胰腺及肝脏。中肠前段形成空肠，后段形成部分的结肠。后肠的前段形成结肠的其余部分，后段形成膀胱、尿道、前列腺、阴道前庭及直肠等。

三、人胚发育 2~8 周后进入胎儿期

大约在受精后的14~15天，胚泡着床部位的子宫蜕膜向腔面突起，滋养层与胚外中胚层共同组成绒毛膜及绒毛，另一部分胚外中胚层包在羊膜、卵黄囊表面，与绒毛膜连接处形成体蒂。原来的胚泡腔改称为胚外体腔。羊膜腔的底与卵黄囊的顶之间就是上、下两个胚层组成的胚盘。经过2~8周，胚胎发育成完整人形；此后进入胎儿期，继续生长、发育，直至怀胎十月后娩出。

02

生命的
物质基础

组成生命的物质
——生物分子

生机盎然的地球出现在洪荒宇宙中是一个奇迹，丰富多彩的生物无不是这个奇迹中的明珠。从化学本质上说，组成生命体的元素与非生命体是一样的，不同的是比例和组成的化合物。从简单到复杂，从低级到高级，生命的产生与进化，无不依赖其物质基础。简单分子通过复杂化学反应生成大分子化合物，尤其生物大分子，为生命产生奠定了基础；而由不同生物分子按特定规则组成的生物膜系统的出现与分化，则有力地推动了生命基本结构与功能单位——细胞的产生。

一、地球上的生物属于碳基生物

地球上构成生命体的化学元素均能在富集于地壳的化学元素中找到，但生命体与非生命体之间化学元素含量的比例截然不同。地壳中所占比例较高的元素包括氧、硅、铝、铁、钙、钠、钾、镁，这 8 种元素约占地壳全部元素比例的 99%，其他元素共占约 1%。而地球上 99% 以上的生命体的细胞质量由碳、氢、氧、氮元素提供，硫、磷含量次之，此外还包含至少 16 种稀有元素。

在生命体中，尽管氧元素的含量较高，但大多以水分子的形式存在；而对生命体单位——细胞结构和功能发挥关键作用的都是以碳元素为基础的，因此地球上包括人类在内的生命体均被称为碳基生命 (carbon-based life)。至于为何地球上没有出现以其他含量比碳高的元素为基础的生命体（如硅基生命或者宇宙中是否存在其他未知生命形式），则引起了无数科学家和科幻爱好者们的极大兴趣。

元素构成分子，生命体中的分子以无机物和有机物两种形式存在。前者主要包括水和无机盐，而后者则包括糖类、脂类、核酸、蛋白质及其他小分子有机化合物类，如维生素、核苷酸、氨基酸、非肽类激素等。生命体内简单小分子化合物可从体外直接获得，如水、维生素和无机盐。大多数物质经由食物的消化、吸收、分解获得原料，在体内重新合成得到。

二、生物大分子对生命具有特殊的意义

原则上讲，组成生命体的任何分子都属于生物分子。但在生命科学中，生物分子（biomolecule）专指至少含有碳、氢、氧、氮4种元素的有机化合物。生物分子包括结构复杂、分子量较大的生物大分子（macromolecule）——蛋白质、核酸、聚糖类、聚脂类，以及小分子（如代谢物、次生代谢物及天然产物）。生物大分子对生命体具有标志性意义。特别是蛋白质、核酸和聚糖类，在现代生命科学领域中被称为生物信息大分子。

生物信息大分子具有几个特点。首先，分子量大，一般在 $10^4 \sim 10^6$ 道尔顿之间，远远大于一般的化合物。其次，生物信息大分子均属于多聚体（polymer），由基本结构单位（又称亚单位）按特定顺序、首尾相连而成。如氨基酸之间首尾相连形成多肽链和蛋白质，核苷酸之间首尾相连形成核苷酸链，单糖之间相连形成聚糖。第三，生物信息大分子中亚单位的排列顺

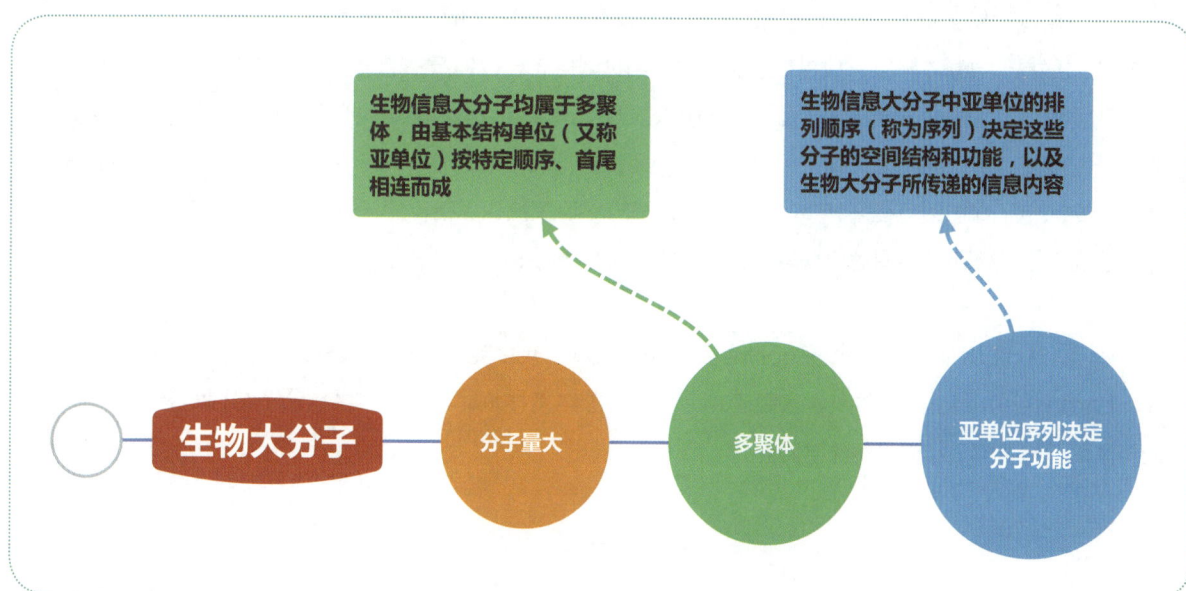

生物信息大分子均属于多聚体，由基本结构单位（又称亚单位）按特定顺序、首尾相连而成

生物信息大分子中亚单位的排列顺序（称为序列）决定这些分子的空间结构和功能，以及生物大分子所传递的信息内容

生物大分子　分子量大　多聚体　亚单位序列决定分子功能

序（称为序列）决定分子的空间结构和功能，以及生物大分子所传递的信息内容。在生物信息大分子中，核酸和蛋白质尤其重要。其中，核酸是遗传物质，基因就是脱氧核糖核酸（DNA）分子上的遗传单位；而蛋白质是细胞功能最主要的体现者与执行者，细胞功能的正常发挥依赖于细胞内结构和功能正常的蛋白质。基因决定表型的过程就是核酸上的遗传信息通过直接编码蛋白质或通过调控蛋白质表达量决定细胞内蛋白质的种类和功能，而蛋白质正常功能的发挥决定了细胞的表型。

生物大分子空间结构分析技术

用以测定蛋白质、核酸为主的生物大分子三维结构的技术。能完整、精确、实时测定生物大分子三维结构的主要技术有三种：（1）X射线晶体衍射分析（蛋白质或核酸晶体学）；（2）核磁共振（NMR）波谱解析；（3）电子晶体学技术（EC）。迄今，已测定的生物大分子三维结构约80%来自X射线晶体衍射分析，约15%来自NMR结构分析。

X射线晶体衍射分析技术可以精确测定原子在生物分子晶体中的空间位置，从而给出生物大分子完整、精确的三维结构。

核磁共振波谱技术是以核磁共振现象作为基本原理而发展的研究物质结构的重要方法。核磁共振是指处在静磁场（或超导磁场）中的物质原子核系统受到相应频率的射频场（即电磁波）作用时，在核能级之间发生共振跃迁的现象。自1946年发现核磁共振现象至今，核磁共振研究方法已发展成常用的测定生物大分子溶液三维结构的技术手段。该方法主要运用各种类型的射频脉冲程序检测溶液样品中生物大分子的^1H、^{13}C及^{15}N的共振信号。

电子晶体学是20世纪80年代以后才逐渐发展和完善起来的测定生物大分子三维结构的方法。其原理与X射线晶体学基本一致，只是电子晶体学是用透射电子显微镜产生的电子束与物质相互作用，由于相位衬度函数，得到的是三维物体在垂直于电子入射方向的二维投影。根据中心截面原理，可以重构出物体的三维密度图。传统的电镜在真空条件下工作，而生物样品必须在有水的条件下才稳定，但水蒸发会破坏真空。冷冻电子显微镜可在−150℃条件下将分子的水溶液快速冻结，使分子维持天然状态，而不需要结晶。冷冻电镜技术可从不同角度获得生物分子的二维投影结构，再经三维重构，获得天然状态下的分子构象。

雅克·杜波谢（Jacques Dubochet）、约阿希姆·弗兰克（Joachim Frank）和理查德·亨德森（Richard Henderson）3位科学家因研究、开发冷冻电镜技术，并在溶液生物分子结构测定中做出杰出的贡献而获得2017年诺贝尔化学奖。

"全能管家"——蛋白质

雅各布·贝采利乌斯

捷拉尔都·穆尔德

"蛋白质"的英文 protein 先后经历法文、德文的演变过程，但最早由瑞典化学家雅各布·贝采利乌斯（Jacob Berzelius）根据希腊文 prōteios 发明，并由荷兰有机化学、分析化学家捷拉尔都·穆尔德（Gerardus Mulder）于 1838 年在其《论某些动物物质组成》一书中首先使用。希腊文 prōteios 意为"头等重要的"。穆尔德在谈论为何以 protein 命名蛋白质类物质时说："存在于动物、植物之中的那种物质在生命体中无疑是最为重要的，没有这种物质，地球上就不可能存在生命。现在我将这种最重要的物质命名为'protein'。"由此可以看出蛋白质在生命体中的重要作用。

一、蛋白质具有其他分子不可替代的功能

蛋白质是细胞生命活动的决策者和体现者，细胞的几乎所有功能均有蛋白质参与，这就决定了蛋白质是细胞内含量与种类最为丰富的生物分子，约占人固体成分的 45%，占细胞干重的 70% 以上，其中氮元素在不同蛋白质中含量恒定，平均为 16%，可据此计算样品中的蛋白质含量。在功能发挥上，蛋白质如同管家一般，在细胞"房子"中操持、忙碌着，维持细胞种种功能。保守估计，在一类特定的原核或真核细胞中含有的蛋白质种类可达数千种，在整个生物界中多达数百万种。以人为例，各种形象与性格表型都由蛋白质功能决定，如头发的卷直、颜色，体形的高矮、胖瘦，以及性格的温柔腼腆或狂放不羁，等等。

催化代谢，如胃蛋白酶、胰蛋白酶、细胞内各种功能酶

催化

运动

如血红蛋白（Hb）携带、运输氧，肌红蛋白储存氧

运输与储存

蛋白质的功能

免疫

蛋白质/多肽类激素，如胰岛素可降低血糖

调节

保护

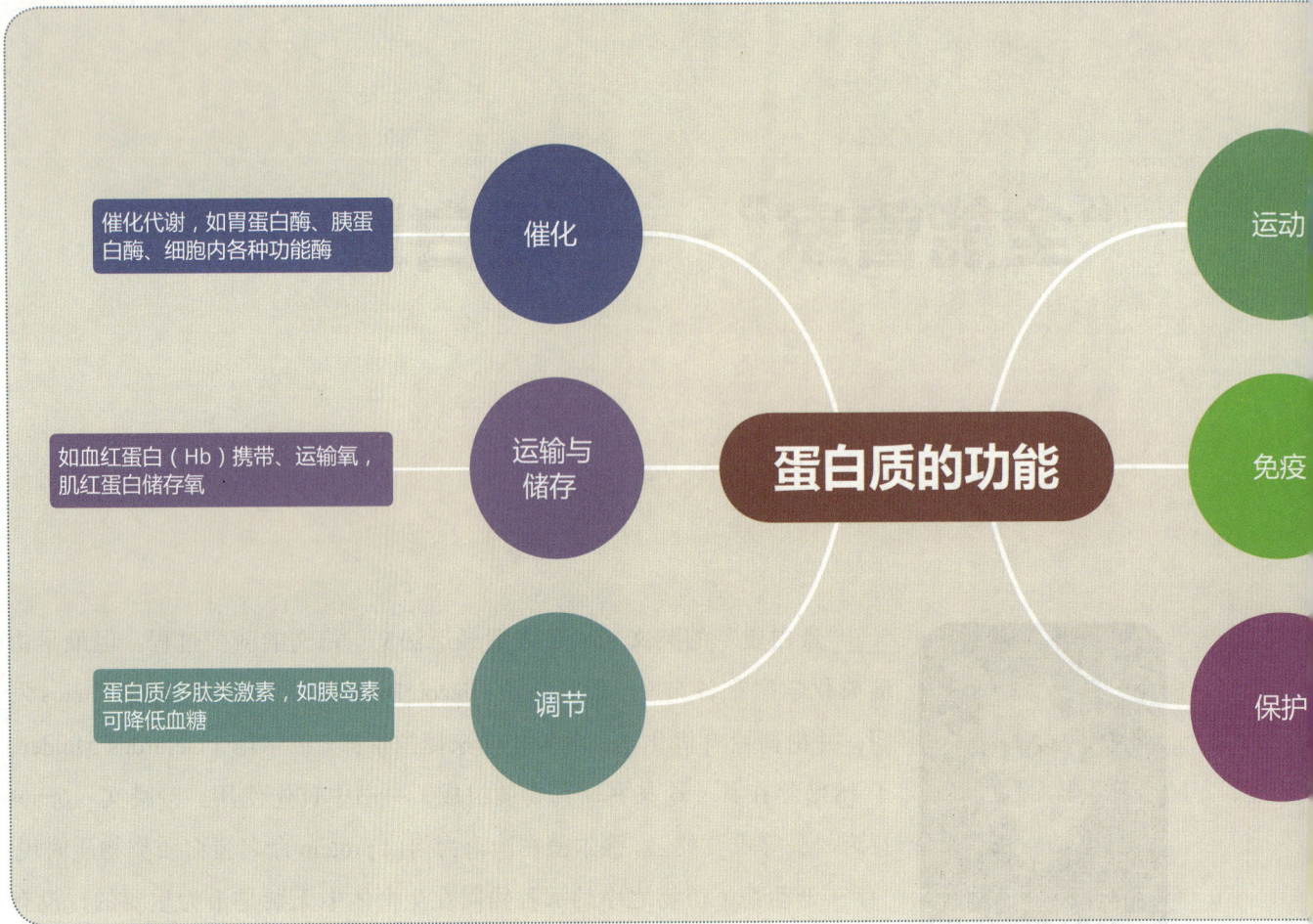

　　除了作为细胞的结构成分（即结构蛋白质），蛋白质还具有多种无可替代的特殊功能（即功能蛋白质），与一切生命活动有关。主要体现在：①调节功能——如细胞外蛋白质类激素，胰岛素可降低血糖；细胞内诸多蛋白质类因子可通过调节基因表达决定细胞表型和命运。②催化功能——主要指体内催化各类物质代谢的、本质为蛋白质的酶类，如胃蛋白酶、胰蛋白酶、各种细胞内的功能酶等。③运输与贮存功能——如血红蛋白（Hb）可携带氧，肌红蛋白可储存氧。④运动功能——如参与肌肉收缩的肌动蛋白、肌球蛋白等。⑤免疫/防御功能——如免疫球蛋白、补体、细胞因子等。⑥保护功能——如各类毛发、指（趾）甲中的角蛋白等。此外，以前认为只发挥细胞与细胞间连接与支持功能的细胞外基质（主要由胶原蛋白、蛋白聚糖及糖蛋白组成），目前也被证实可参与细胞的迁移、分化等多种生理过程。

二、蛋白质具有复杂的一级结构和空间结构

（一）组成人体蛋白质的基本单位是 L-α- 氨基酸

蛋白质是由一条或多条多肽链组成的生物大分子，多肽链则是由亚单位——氨基酸通过肽键连接构成的多聚体。自然界中的天然氨基酸种类有300 余种。除某些特殊类型的蛋白质外，人体绝大多数蛋白质由 20 种常见的氨基酸组成。最简单的氨基酸是甘氨酸（Gly），它的侧链基团（R）是氢原子。其他含有脂肪族侧链基团的有丙氨酸（Ala）、缬氨酸（Val）、亮氨酸（Leu）、异亮氨酸（Ile）；含有侧链脂肪族羟基的有丝氨酸（Ser）和苏氨酸（Thr）；含有侧链芳香族基团的有苯丙氨酸（Phe）、酪氨酸（Tyr）和色氨酸（Trp）；组氨酸（His）的侧链为咪唑基团。除了上述的中性氨基酸外，还有在中性环境带有正电荷的赖氨酸（Lys）和精氨酸（Arg）两种碱性氨基酸；谷氨酸（Glu）和天冬氨酸（Asp）是两种酸性氨基酸。后两种酸性氨基酸的侧链羧基为酰胺所代替时成为谷氨酰胺（Gln）和天冬酰胺（Asn）。此外还有两个含硫的氨基酸，半胱氨酸（Cys）和甲硫氨酸（Met）。除 Gly 外，α- 氨基酸都有两种异构体，分别称 L 型和 D 型。存在于蛋白质中的氨基酸都是 L 型。

从这 20 种氨基酸的结构看，除了甘氨酸（H_2N—CH_2—COOH）外，其他 19 种氨基酸均有一个手性 α- 碳原子，围绕 α- 碳原子连接的 4 个化学基团（COOH、NH_2、R 和 H）排列方向不同，因此有 L 型与 D 型两种构型，两者关系如同左右手，互为镜像对称。人体蛋白质中的氨基酸为 L-α- 氨基酸，即与羧基相连的 α–C 原子上同时连有氨基，氨基酸之间的差别在于侧链（R 基团）的差异。

（二）氨基酸通过肽键首尾相连形成多肽链

1 个氨基酸分子的羧基可与另 1 氨基酸分子的氨基脱水缩合、形成的酰胺键，称为肽键。氨基酸与氨基酸之间就是靠肽键连接形成肽链的。以最简单的情形为例，两个氨基酸之间可以通过肽键相连形成二肽。

两个氨基酸形成二肽后，前面的氨基酸保留游离的 α- 氨基，后面的氨基酸保留 α- 羧基，当第三个氨基酸参与肽链形成时，用其氨基与第二个氨基酸的羧基形成第二个肽键，进而形成三肽。缩合反应不断进行下去，逐步形成四

如参与肌肉收缩的肌动蛋白、肌球蛋白

如免疫球蛋白、补体、细胞因子等

如各类毛发、指（趾）甲中的角蛋白等

（1）氨基酸
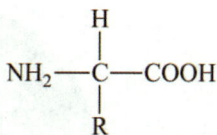

（2）亚氨基酸
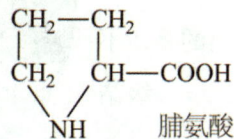
脯氨酸

α- 氨基酸的结构示意图

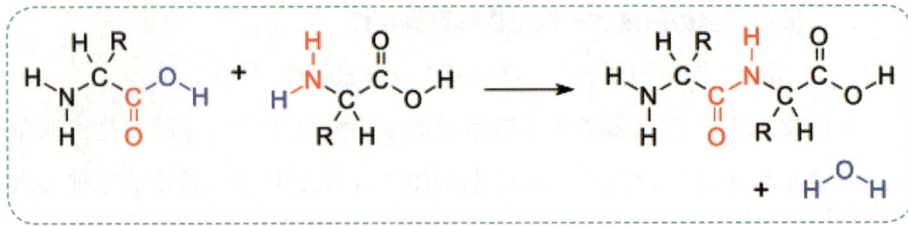

两个氨基酸之间形成肽键（右侧红色所示）和二肽

肽、五肽等。但无论肽链中含有多少个氨基酸，肽链的一端均为游离的 α- 氨基，另一端为游离的 α- 羧基。因此，肽链是有方向性的：游离的 α- 氨基端称为多肽链的氨基末端或 N- 端，另外一端为羧基末端或 C- 端。

肽链中的氨基酸之间形成肽键时，每个氨基酸都失去了 -H 或者 -OH 而不完整，故称氨基酸残基。通常，由数个、十多个氨基酸组成的肽链习惯称为寡肽，而由更多氨基酸组成的肽链称为多肽，二者之间没有严格界限。蛋白质则是由一条或多条肽链组成的。尽管多肽和蛋白质两者经常通用，然而，科学家们习惯将分子量 $\geq 10^4$ 道尔顿的多肽称为蛋白质。参与蛋白质组成的常见氨基酸只有 20 种，但它们按照不同的顺序排列，形成堪称天文数字的组合方式，可以满足生物体内蛋白质种类的多样性需求。

根据组成成分，蛋白质可分为单纯蛋白质和缀合（或结合）蛋白质两类。只有氨基酸而没有任何其他成分的蛋白质，称为单纯蛋白质，如核糖核酸酶、糜蛋白酶等。除了氨基酸组分之外，还含有非氨基酸组分的蛋白质称为缀合蛋白质。所结合的非氨基酸组分称为辅基，常见的辅基有色素化合物、磷酸、寡糖、脂类、金属离子，乃至核酸等。根据所含辅基不同，又可将缀合蛋白质分为磷蛋白、糖蛋白、脂蛋白、金属蛋白及核蛋白等。

（三）蛋白质分子呈现多层次结构

蛋白质分子呈现出有序的结构。1951 年，丹麦科学家林德斯特拉姆 - 朗（Linderstrom-Lang）将蛋白质的分子结构分为一级、二级、三级和四级结构。一级结构是指蛋白质分子中氨基酸残基从 N- 端到 C- 端的排列顺序，即序列；二、三、四级结构统称为蛋白质的高级结构或空间构象。需要指出的是，不是所有的蛋白质都有四级结构，只含一条肽链的蛋白质只有一、二、三级结构，由两条或以上肽链形成的蛋白质才有四级结构。

1953 年，英国生物化学家弗雷德里克·桑格（Frederick Sanger）首次测

弗雷德里克·桑格

即一级结构，蛋白质分子中氨基酸残基从N-端到C-端的排列顺序

1951年，丹麦科学家林德斯特拉姆-朗将蛋白质的分子结构分为四个层次

二、三、四级结构统称为蛋白质的高级结构或空间构象

序列

蛋白质结构层次

空间构像

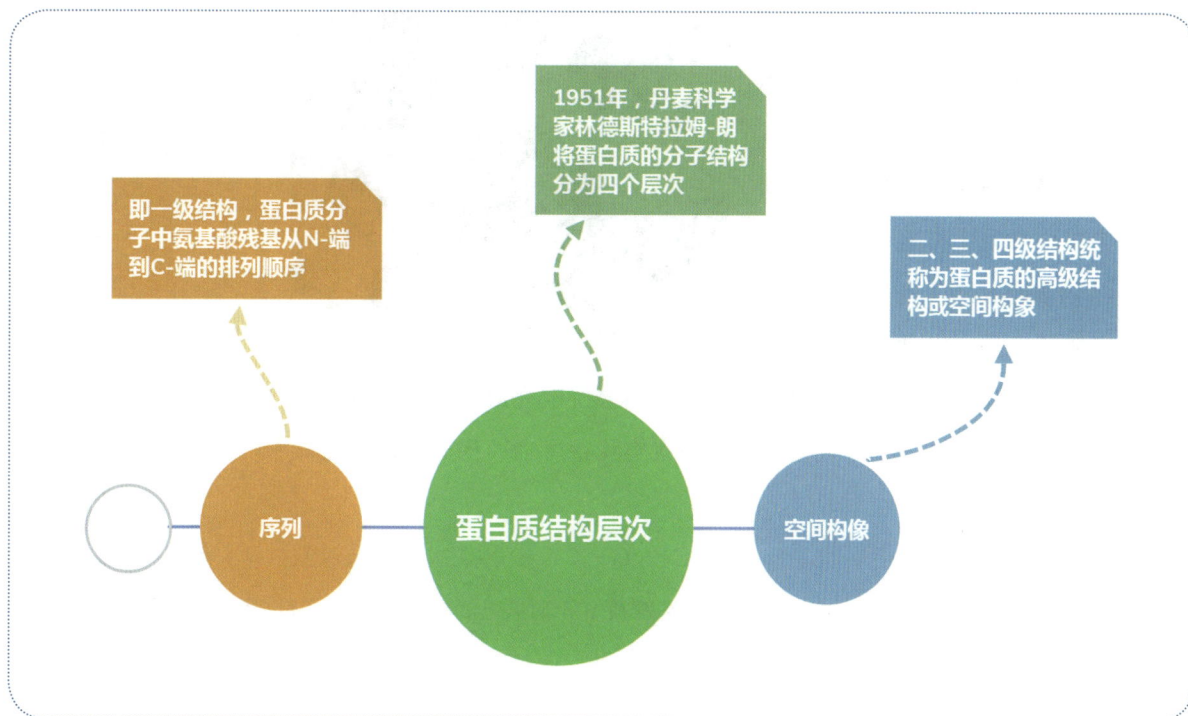

定了牛胰岛素 51 个氨基酸的全序列，并阐明它是由 A 链（21 个氨基酸残基）和 B 链（30 个氨基酸残基）两条肽链通过 2 个二硫键连接而成。这不但为认识胰岛素的生理功能、胰岛素的人工合成奠定了基础，其测序方法更为大规模蛋白质的自动测序奠定了基础。除了蛋白质测序外，桑格还建立了被称为"直读法"的 DNA 测序技术。鉴于他在蛋白质和核苷酸测序领域里的重大贡

弗雷德里克·桑格

英国生物化学家。生于伦德库姆。1943 年获剑桥大学博士学位。1951 年起在医学委员会主办的研究所工作，曾任英国医学委员会剑桥分子生物学研究所蛋白质和核酸化学实验室主任。1955 年建立了蛋白质氨基酸的序列分析方法，完成第一个蛋白质——牛胰岛素 51 个氨基酸的全序列测定。为此，1958 年他第一次获得诺贝尔化学奖。60 年代初，他转向核酸的化学结构研究，将放射性同位素示踪技术引进了 RNA 的序列分析，1965 年完成含有 120 个核苷酸的大肠杆菌 5SrRNA 的全序列分析。此后，他又多次创造了 RNA 序列分析新技术。1975 年他与同事们建立了 DNA 核苷酸序列分析的快速、直读技术，即"加、减"法，并分析出含有 5386 个核苷酸的 ΦX174 噬菌体 DNA 全序列。1978 年，在前述方法的基础上又建立了更为简便、快速、准确测定 DNA 序列的"链末端终止法"，随后完成了人线粒体 DNA（全长为 16569 个碱基对）的全序列分析，为整个生物学特别是分子生物学研究的发展开辟了广阔的前景。为此，他于 1980 年再次荣获诺贝尔化学奖。

献，桑格分别于 1958 年和 1980 年两度获得诺贝尔化学奖，创造了诺贝尔奖历史上罕见的奇迹。

在牛胰岛素氨基酸序列明确的基础上，中国科学院上海有机化学研究所、生物化学研究所（现更名为生物化学与细胞研究所）及北京大学化学

人工全合成胰岛素结晶

系的科学家们合作，于 1965 年 9 月 17 日在世界上首次完成了牛胰岛素的合成，这是世界上第一个人工合成蛋白质，为人类认识生命、揭开生命奥秘做出了重要贡献。

蛋白质的二级结构是指多肽主链骨架（N—C—C）中的某些肽段通过氢键联系形成特定形式的局部空间构象，包括 α 螺旋、β 折叠、β 转角等。蛋白质的三级结构由多肽链的 α 螺旋、β 折叠、β 转角等二级结构通过侧链基团的相互作用进一步卷曲、折叠，借助次级键的维系形成。部分蛋白质仅有一条多肽链，三级结构就是它们的最高结构形式，如核糖核酸酶、胃蛋白酶、胰蛋白酶等，在三级结构基础上就可以表现功能。拥有两条或两条以上肽链的蛋白质，每条肽链被称作该蛋白质的亚基，该类蛋白质是多亚基蛋白质。在这类蛋白质中，肽链与肽链间（亚基与亚基间）主要通过疏水键、氢键、盐键等非共价键及范德瓦耳斯力结合，形成有序排列的特定空间结构，即蛋白质的四级结构。如人体的血红蛋白（Hb）就是由两个 α- 亚基、两个 β- 亚基聚合在一起组成的。此外，血红蛋白每个亚基还结合一个亚铁血红素辅基，因此血红蛋白是缀合（或结合）蛋白质。下页图为血红蛋白从一级到四级结构的示意图。

结构生物学就是通过解析生物大分子的三维（3D）结构，详细阐明各种分子的功能和作用机制。获得蛋白质分子的 3D 结构在很多领域都具有重要作用，如根据靶标蛋白质的结构进行药物设计及筛选。1958 年，约翰·肯德鲁（John Kendrew）和马克斯·佩鲁茨（Max Perutz）采用 X 射线晶体衍射法分别分析出了肌红蛋白和血红蛋白的空间结构，60 年来，学者们对蛋白质及其他生物大分子结构的分析从未停止，新技术不断更新。例如，应用单相核磁共振（NMR）结合核奥弗豪泽增强波谱学（nuclear Overhauser enhancement spectroscopy）分析溶液中蛋白质的 3D 结构。冷冻电子显微镜

牛胰岛素分子的一级结构

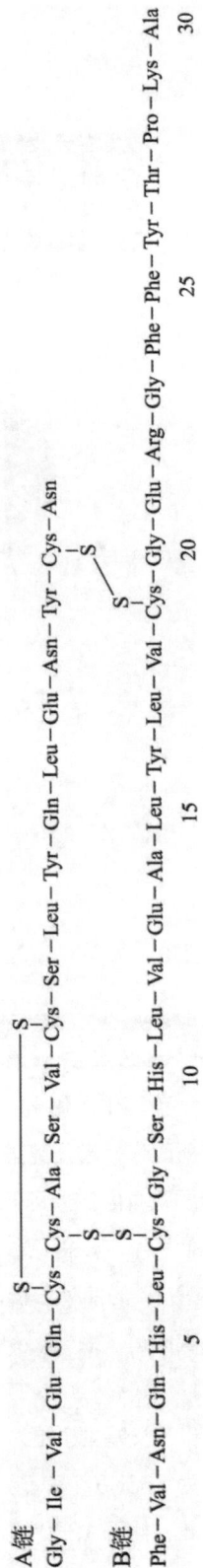

A链：Gly—Ile—Val—Glu—Gln—Cys—Cys—Ala—Ser—Val—Cys—Ser—Leu—Tyr—Gln—Leu—Glu—Asn—Tyr—Cys—Asn

B链：Phe—Val—Asn—Gln—His—Leu—Cys—Gly—Ser—His—Leu—Val—Glu—Ala—Leu—Tyr—Leu—Val—Cys—Gly—Glu—Arg—Gly—Phe—Phe—Tyr—Thr—Pro—Lys—Ala

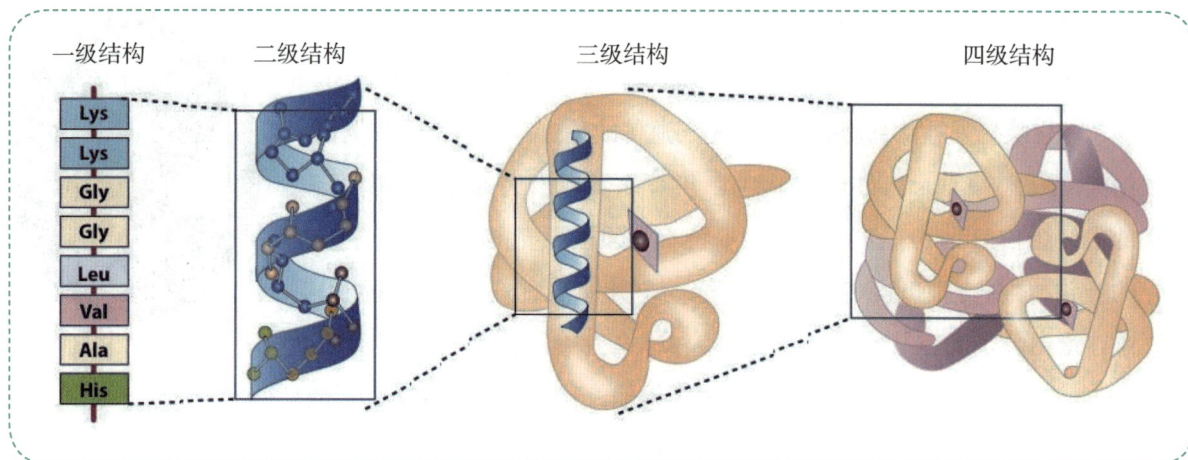

血红蛋白一级至四级结构示意图

（cryo-EM）技术可在原子精度（最低可到 2.0 埃，即 2×10^{-10} 米），将分子在含水状态下快速（几毫秒内）冻结在过渡态或激活态，使分子维持在天然状态进行电镜观察。利用这些技术对蛋白质 3D 结构进行解析，已积累了大量资料，为人们认识蛋白质的功能及其作用机制提供了重要启示。

三、蛋白质结构与功能的关系

（一）一级结构是蛋白质功能的基础

胰岛素是重要的降糖激素。科学家们对几乎所有哺乳动物的胰岛素进行测序和对比后发现，这些动物的胰岛素均由 A、B 两条肽链构成，都含 51 个氨基酸残基。尽管人与猪、牛、羊等动物的胰岛素一级结构有些差异，但在 A 链中有 10 个、B 链中有 12 个氨基酸残基完全一样。这些氨基酸序列对维持胰岛素的空间结构、表现生物学活性必不可少。各个物种胰岛素二硫键的配对位置和空间结构极为相似，执行着相同的糖代谢调节功能。

除了对基本功能有重大影响的关键氨基酸残基外，不同物种的同一种蛋白质的序列可以不完全相同。相同的某些蛋白质即使在人群的不同个体也不是固定不变的，而是呈现一定的变异。在人类蛋白质中约有 20%~30% 的蛋白质呈现序列的多样性，称为蛋白质的多态性。蛋白质的多态性源于其编码基因的多态性，特别是单核苷酸多态性（single nucleotide polymorphism，SNP），这是目前人类基因多样性的重要组成部分。多态性体现着相同和变异的对立统一，其与人群各种表型的多样性，以及与个体对特定疾病的易感性之间的关系引起了研究者的极大兴趣。

蛋白质一级结构中某些关键氨基酸残基的改变会对蛋白质功能产生重大影响,产生疾病。镰状细胞病是一种先天遗传缺陷症,美国化学及生化学家莱纳斯·鲍林(Linus Pauling)于 1949 年首先发现该病由遗传突变引起,正常的血红蛋白 HbA 分子的 β 链的第 6 位谷氨酸被缬氨酸替代,产生疏水性差的异常血红蛋白 HbS。仅一个氨基酸的差异,使 HbS 携带氧的能力降低,血红蛋白分子间容易黏合而沉淀,鲍林称之为"分子病"。所谓分子病(molecular disease)就是因基因或 DNA 分子缺陷,导致细胞内 RNA 及蛋白质结构异常或缺陷,从而引起人体结构表型和 / 或功能表型异常的疾病。分子病是蛋白质的一级结构决定功能的有力证据。

莱纳斯·鲍林

不同物种来源的同名蛋白质非关键部位的变异可体现出物种间在进化上的亲缘关系。即便如此,这些从酵母到人的同源(氨基酸序列相似)的蛋白质在功能上起关键作用的氨基酸残基在各物种间不变,是发挥功能必不可少的。总之,蛋白质特定的结构执行特定的功能。不同物种的发挥相同生物功

镰状细胞病

遗传性异常血红蛋白 S(HbS)所致一种血液病。因红细胞呈镰刀状而得名。最初见于非洲恶性疟疾流行区。血红蛋白 S 杂合子对恶性疟疾具有保护性。此病在非洲多见,美国也不少。

该病可分为血红蛋白 S 纯合子的镰状细胞贫血(简称镰贫),双重杂合子兼有血红蛋白 S 和血红蛋白 A 的镰贫 - 地中海贫血和镰贫血红蛋白 C 病,三者都有明显临床症状。另外,尚有血红蛋白 S 杂合子的镰状细胞特征,基本无症状。

临床表现为慢性溶血性贫血,平时有比较恒定的轻度贫血。伴有巩膜轻度黄染,肝脏轻中度肿大,婴幼儿可见脾大。当寒冷、感染、脱水时贫血症状加重,黄染也加深。由于毛细血管微血栓而引起疼痛危象。严重感染时可出现急性溶血和脾脏急剧增大,可于短期内死亡。偶见再生障碍性贫血危象。镰贫 - 地中海贫血的症状与镰贫相似,镰贫血红蛋白 C 的症状较轻。

在诊断时,实验室检查血涂片可见有核红细胞,网织红细胞增高,镰变试验阳性。血红蛋白电泳发现血红蛋白 S 带,镰贫时血红蛋白 S 带在 80% ~97%,镰状细胞特征在 30% 以下,均有助于诊断。

患者系黑人,或与黑人有血缘关系。呈慢性溶血性贫血。肝、脾肿大。常述全身疼痛。脐血血红蛋白电泳可及时发现血红蛋白 S 带。均有助于诊断。

治疗的关键是增强体质、防止感染,避免出现水、电解质和酸碱平衡紊乱。患病时应注意纠正脱水、酸中毒以及高渗状态,缺氧时积极输氧;疼痛危象时可应用适量止痛镇静药,输入低分子右旋糖酐改善微循环;积极抢救贫血危象,输血输液,纠正休克和控制感染。

能的蛋白质一级结构可能有些差异，但是与功能密切相关的一级结构却总是相同的。如果这些部位的氨基酸残基发生改变，蛋白质功能可能会发生很大变化，甚至引发疾病。

（二）高级结构表现蛋白质的功能

蛋白质的一级结构是形成高级结构的基础，并决定蛋白质的功能，但是并不能表现功能，蛋白质必须形成特定的高级结构才能发挥功能。最典型的例子就是克里斯蒂安·安凡森（Christian Anfinsen）的牛胰核糖核酸酶 A 的变性和复性（恢复活性）实验。所谓变性就是指多肽链一级结构不变而高级结构被破坏。牛胰核糖核酸酶 A 是一种能够水解 RNA 的蛋白质，其肽链由 124 个氨基酸残基构成，分子内含 8 个半胱氨酸巯基，形成四对二硫键，维持有功能的酶分子空间结构。当在这种酶的溶液中加入变性剂尿素、还原剂 β - 巯基乙醇，破坏酶的次级键和二硫键，空间构象遭到破坏，形成无序的无规卷曲（random coil，过去曾经错误地将其视为蛋白质的二级结构形式之一，事实上，它是变性蛋白质的存在形式）。虽然此时该酶蛋白的一级结构依然完整，但已丧失水解 RNA 的功能。然而透析法去除变性剂、还原剂后，原本松散的多肽链特定位点的半胱氨酸配对、形成二硫键，重新卷曲，恢复酶的天然构象，酶的活性也得以恢复。这个例子说明，蛋白质高级结构表现功能。在现代日常生活和生产实践中，疫苗、肽类等药物往往需要低温保存，就是为防止蛋白质因温度影响而变性，导致失效。

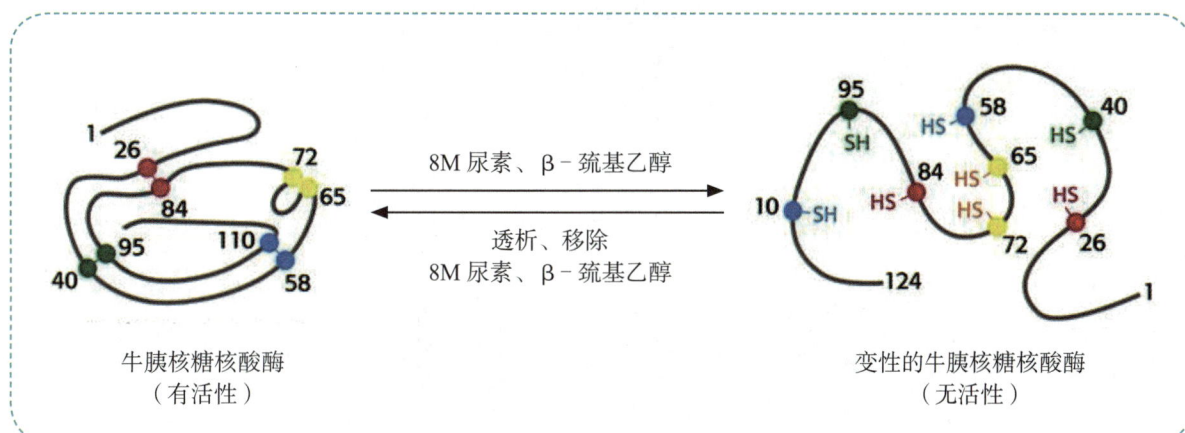

牛胰核糖核酸酶 A 的变性与复性
（图中数字代表配对、形成二硫键的半胱氨酸残基位点）

（三）蛋白质需要辅助才能正确折叠形成高级结构

安凡森的"蛋白质一级结构决定高级结构"的总体原则是正确的，但之后的诸多实验表明，在溶液体系中，失去高级结构的蛋白质（即变性）的复性并不都像牛胰核糖核酸酶 A 那么容易或者完全。在细胞的复杂环境中，新生肽链需要在包括特定酶和蛋白质的辅助下才能正确折叠成为有功能的蛋白质。这些辅助性指导新生蛋白质按正确方式折叠的蛋白质分子称为"分子伴侣"(molecular chaperone)。除了分子伴侣帮助新生肽链折叠和组装，还有另一类是催化与折叠有关的化学反应的酶，称为"折叠酶"。研究最多的分子伴侣是"热激蛋白"（heat shock proteins，此前常将其译为"热休克蛋白"）家族，在多种蛋白质空间构象形成和功能发挥的过程中起重要作用。环境刺激引起蛋白质的变性和失活后，蛋白质可以借助分子伴侣实现重新折叠和复性；无法复性的蛋白质被细胞当作垃圾，通过蛋白酶水解而被清除。α- 晶状体蛋白是构成眼睛晶状体的一种主要结构蛋白，也属于分子伴侣。可通过与其他类型的晶状体蛋白结合，防止这些蛋白质老化和沉淀，维持晶状体的澄清状态和折光度。

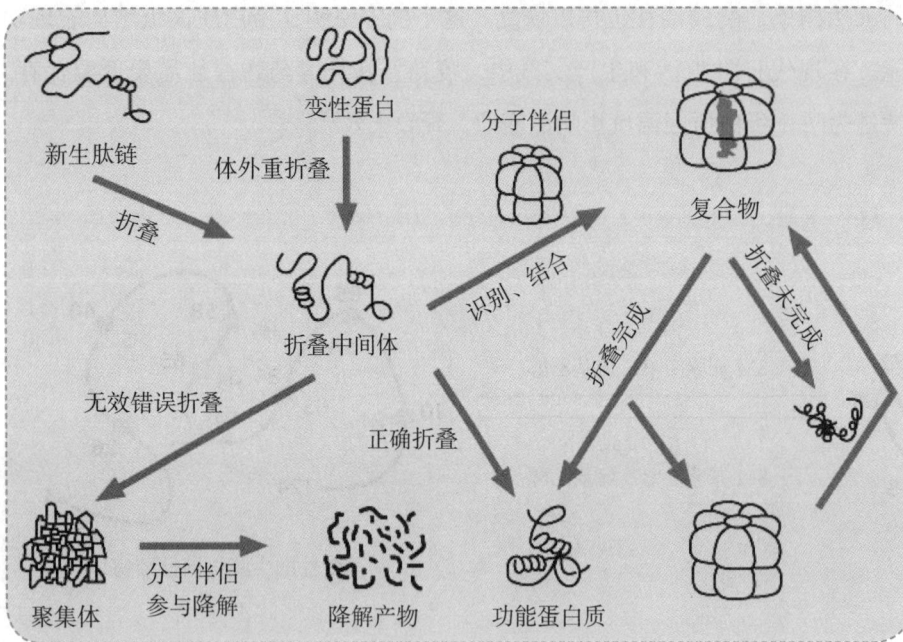

分子伴侣作用示意图

分子伴侣

帮助其他蛋白质折叠的蛋白质。"分子伴侣"概念的建立使蛋白质折叠的研究由经典的"自发组装"发展成为"有帮助的组装"的新学说。

已经鉴定有分子伴侣活性的生物大分子主要是蛋白质,如热激蛋白类(Hsp40、Hsp60、Hsp70、Hsp90、Hsp100,小热激蛋白等)、SecB、PepD、信号识别颗粒(SRP)等,还有折叠酶以及一些依赖 ATP 的蛋白水解酶。此外发现核糖体、RNA、甚至一些磷脂也具有分子伴侣的活性。根据 2001 年对人类基因组的测序和分析,预计真核细胞内至少有 750 种蛋白质涉及蛋白质的折叠和降解。

变性蛋白质在体外的复性或新生肽链在细胞内的成熟,是通过形成一些折叠中间物而完成的。折叠中间物有可能形成在功能蛋白分子中不存在而且不应该有的瞬间结构,它们常常是一些疏水性的表面。这些瞬间形成的错误表面之间就有可能发生本来不应该发生的错误的相互作用,导致形成没有活性的分子,甚至使分子聚集和沉淀。蛋白质折叠过程实际上是由热力学因素和各种环境因素综合决定的、通过折叠中间态的正确途径与错误途径相互竞争的过程。分子伴侣的功能是识别折叠中间物的非天然结构(如错误的疏水表面),与折叠中间物结合而生成复合物,防止这些表面之间过早地或错误地相互作用,从而阻止不正确的无效的折叠途径,抑制不可逆的聚合物的产生。然后,分子伴侣又必须与折叠中间物解离,使其有机会继续正确折叠,从而提高蛋白质生物合成的效率或变性蛋白质的复性效率。在细胞内,通常存在一种"级联机制",即一个新生肽链的折叠、转运和组装,需要处于其成熟通道上不同部位的不同分子伴侣分级、连续、协同的作用而完成。

分子伴侣帮助的对象不局限于蛋白质,也可帮助其他生物大分子的折叠。帮助 DNA 进行折叠或卷曲的,称"DNA 分子伴侣"。帮助 RNA 分子折叠的是"RNA 分子伴侣"。

(四)蛋白质空间构象异常可导致蛋白质构象病

如果体内蛋白质折叠发生错误,尽管蛋白质一级结构未变,但构象异常仍可影响其功能,严重者可导致疾病发生。因蛋白质空间构象异常引起的疾病,称为蛋白质构象病。"普里昂"病就是一种典型的蛋白质构象病。

早在 20 世纪 60 年代,提克瓦·阿珀尔(Tikvah Alper)就发现了一种非菌、非病毒的蛋白质致病因子。1982 年,斯坦利·普鲁塞纳(Stanley Prusiner)证明,这种非菌、非病毒的蛋白质传染性疾病由一种被他称之为"普里昂"(prion)的蛋白质,即普里昂蛋白(PrP)发生构象异常所致。该名称由 proteinaceous infectious(意为"传染性蛋白质")的缩写"proin"衍生而来,普鲁塞纳认为"prion"比"proin"更适合这种传染性蛋白质颗粒的命名(目前多将其译为"朊病毒")。事实上,普鲁塞纳最初发现的致病性

"普里昂"蛋白源自瘙痒症（scrapie），故名瘙痒症"普里昂"蛋白（PrP^{Sc}）。有一种"普里昂"蛋白存在于哺乳动物正常的神经细胞和白细胞等，称为细胞"普里昂"蛋白（PrP^C）。PrP^C 高度保守，由 253 个氨基酸残基和糖基肌醇磷脂锚组成；在功能上与细胞信号转导等有关。尽管 PrP^{Sc} 具有与 PrP^C 同样的氨基酸序列，但构象异常，含较多的 β 折叠；而 PrP^C 富含 α 螺旋，不含 β 折叠，二者互为构象异构体。

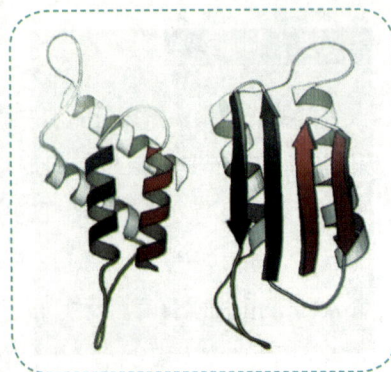

PrP^C（左）与 PrP^{Sc}（右）的构象比较示意图

通过食入患病动物（牛、羊）肉食，不完全消化的 PrP^{Sc} 通过消化道黏膜淋巴系统进入人体，引起人慢性致死性神经变性疾病。已发现的人类"普里昂"病有库鲁病、纹状体脊髓变性病或称克－雅氏病、杰斯曼－斯特劳斯勒综合征，其疾病易感性可能与基因（编码 171 位氨基酸）多态性有关。动物"普里昂"病有牛海绵状脑病或称疯牛病、羊瘙痒症等。

PrP^C 基因位于人 20 号染色体短臂，编码的 PrP^C 对蛋白酶敏感，在非变性去污剂中可溶。而 PrP^{Sc} 具有（部分）抗蛋白水解酶特性，在非变性去污剂中不溶，热稳定；蛋白水解酶、高温、紫外线或离子辐射等理化因素处理均不易使其完全丧失侵染能力。这可部分解释为什么 PrP^{Sc} 可通过消化道黏膜淋巴系统进入人体。PrP^{Sc} 颗粒致病机理是，含有 β 折叠结构的 PrP^{Sc} 通过攻击 PrP^C、改变后者空间构象，使 α 螺旋转变为 β 折叠，成为 PrP^{Sc}；初始和新生的 PrP^{Sc} 继续攻击其他的 PrP^C，产生类似多米诺效应，使 PrP^{Sc} 积累。最终，PrP^{Sc} 的水不溶性导致脑内沉淀而致病。因此，"普里昂"病是一种慢性感染性神经退行性病。

铝（Al）可引起淀粉样前体蛋白的 α 螺旋转变为 β 折叠，引起阿尔兹海默病（Alzheimer's disease，老年性痴呆）样疾病，也是一种构象病。此外还有与蛋白质构象相关的疾病还有家族性淀粉样变性、白内障、马方氏综合征、肌萎缩性侧索硬化症等。

四、蛋白质结构预测和分子设计

鉴于蛋白质功能与空间结构的密切关系，高效、准确地解析蛋白质分子空间结构成为人们正确认识蛋白质生物功能的重要前提。特别重要的是，一些蛋白质可作为潜在的药物靶标，这对从分子角度实现疾病的精准治疗至关重要。结构生物学也成为目前发展最为迅速的生命科学之一，其最终的目标是解析所有已知序列蛋白质结构的动态变化。截至 2019 年 3 月，蛋白质数据库 PDB 上 3D 结构已经得到解析的蛋白质种类是 14 万余种，这与 UniProt KB 数据库中记载的约 5000 万种蛋白质 / 多肽序列相比，只占很小的一部分。利用计算机辅助，通过特定算法，根据蛋白质一级结构预测其 3D 结构成为目前弥补结构生物学通量不足的重要手段。

结构生物学

以生命物质的精确空间结构及其运动为基础来阐明生命活动规律和生命现象本质的学科。其核心内容是生物大分子及其复合物、组装体和由此形成的细胞各类组分的三维结构、运动和相互作用，以及它们与正常生物学功能和异常病理现象的关系。

结构生物学的概念早在 20 世纪 70 年代初就曾提出，但直到 90 年代才形成完整的学科领域。1993 年英国《自然》杂志首次召开以结构生物学为主题的国际学术会议，宣称结构生物学的时代已经开始，并提出结构生物学的中心法则为序列→空间结构→功能。与此同时，多种新的结构生物学专业刊物创刊，大量结构生物学原创性研究论文广泛出现在分子生物学、生物化学、生物物理学等领域以及顶级综合性学术刊物中，标志着结构生物学时代的来临。

进入 21 世纪，结构生物学显现出新的发展趋势。首先，有可能实现生物大分子结构的快速、自动、批量测定，复杂结构和动态过程将成研究热点。通过基因组可以获得成千上万的蛋白质用于结构分析，与方法和技术的进步相结合，有可能测定极大而复杂的蛋白质（包括膜蛋白）。RNA、DNA 及其复合物和组装体的精细结构，一些亚细胞器的结构也将成为研究目标。随着新一代同步辐射应用技术的不断完善，高时间分辨率的结构测定方法可能进入实用阶段，生命活动的动态过程将获得了解。同时，结构生物学与基因组相结合，将推动新的科学领域——结构基因组学的诞生与发展，通过解析细胞中全套基础蛋白质的结构与功能，获得对有机体生命活动的全景认识。广泛深入的结构生物学研究还将成为揭示某些与蛋白质结构相关的疑难病症机理的重要途径，并通过大量发现药物靶标和基于结构的药物设计，成为创新药物研发的重要基础。

（一）蛋白质结构预测

在已知蛋白质一级结构的基础上对部分蛋白质空间结构的预测方法学大致分两类，分别是基于特定模板建模（template-based modeling）和从头建模或自由建模（free modeling）。基于特定模板建模主要通过对预测蛋白质序列与已知空间结构的蛋白质序列或局部结构进行比对，根据序列的同源性或者蛋白质空间结构与一级结构之间的联系，得到待测蛋白质结构。这种方法对氨基酸序列相似程度高（同源性高）的蛋白质空间构象预测效果较好，但对一级结构同源性低，或者没有同源序列的蛋白质分子，受到二级结构预测精度的限制，效果不佳。如果对蛋白质二级结构预测的准确率能达到80%，基本可以准确预测该蛋白质分子的三级结构。

自由建模的方式主要采用分子热力学和动力学的方法，根据物理化学基本原理，重新计算蛋白质分子的空间结构。该类理论计算方法主要依据基本热力学假设：蛋白质分子可在溶液中稳定存在的天然构象应该是自由能最低、热力学最稳定的构象。这类方法预测准确度较差，一度认为实用性不大。但近些年随着计算机软硬件、计算方法的进步，以及越来越多的蛋白质分子空间结构解析，这两类方法之间的界限也开始变得有些模糊，不少新的建模方法尝试将两种类型结合，取得了不错的效果。

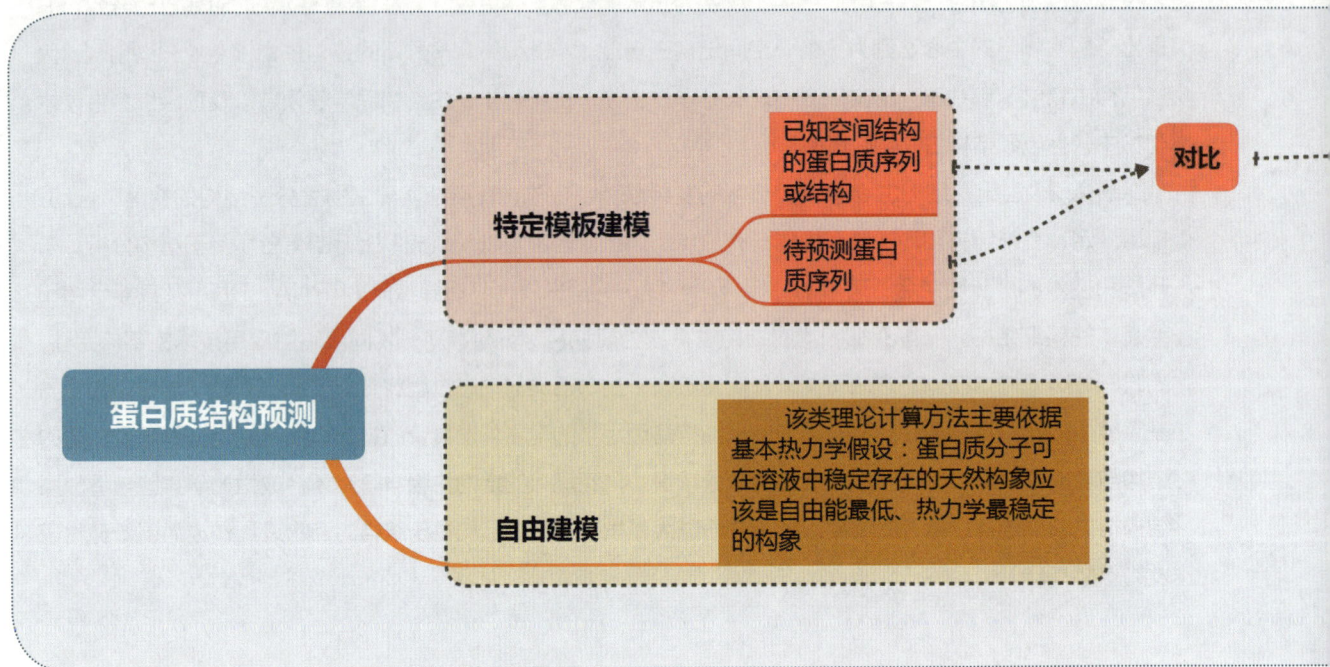

蛋白质结构预测

特定模板建模
已知空间结构的蛋白质序列或结构
待预测蛋白质序列
对比

自由建模
该类理论计算方法主要依据基本热力学假设：蛋白质分子可在溶液中稳定存在的天然构象应该是自由能最低、热力学最稳定的构象

（二）蛋白质分子设计

对蛋白质结构与功能关系的深入理解，除了揭示自然规律外，还为人类有目的地对蛋白质进行改造，使之在不丧失原有生物学功能的前提下具有更好的理化性能和药用价值。改变蛋白质分子的稳定性，使其在特定条件下保持较高活性且避免不良反应，是蛋白质分子设计中的重要目标。

蛋白质分子设计的进程中有不少成功案例，如二硫键对蛋白质的稳定性有重要作用。T1 核糖核酸酶含 104 个氨基酸残基，可形成两对二硫键。日本科学家根据计算机计算预测，并用实验证明，在 T1 核糖核酸酶的第 24 位酪氨酸残基和第 84 位天冬酰胺残基引入半胱氨酸残基，可形成新的二硫键，提高了该酶的热稳定性。艾滋病病毒 HIV 基因组编码的天冬酰胺蛋白酶在病毒复制、组装和病毒在细胞间传播过程中起重要作用。多家实验室采用结构预测方法，创制了能抑制该酶的药物。此外，随着对 HIV 蛋白酶结构认识的深入和算法的进步，人们已经可以预测病毒未来针对某种药物耐药性产生的可能性和机制，为动态药物研发奠定了坚实基础。

总体上来说，目前距离蛋白质结构完全预测和分子设计的目标还比较遥远。但以结构预测为基础的药物设计已经成为诸多制药公司的选择。目前全世界的大医药公司都有结构预测和分子设计的研发小组，为药物研发和疾病治疗贡献了力量。

五、蛋白质研究步入"组学"时代

随着 2003 年人类基因组计划的完成，生命科学已进入后基因组时代。研究重点开始从揭示生命遗传序列信息转向在分子整体水平对蛋白质功能的研究。蛋白质组学的概念应运而生。

蛋白质组（proteome）指在一个细胞内发挥功能的所有蛋白质的总合。研究在一整套特异的状态下发挥功能的全数蛋白质的系统特征或基因组表达的全部蛋白质的功能及其存在方式，称为蛋白质组学（proteomics），旨在阐明生物体全部蛋白质的表达模式及功能模式，研究内容包括鉴定蛋白质的表达、分布、修饰模式、结构、功能和蛋白质与蛋白质相互作用等。蛋白质组学的研究技术包括蛋白质制备、分离纯化、蛋白质样品标记、鉴定，以及蛋白质相互作用分析技术和生物信息学分析技术。

通过蛋白质组学鉴定疾病的诊断标志物、潜在药物靶标，筛选新的药物，获取治疗的疗效评价和不良反应信息，是其在医学领域中的重要应用。蛋白质组与基因组、转录物组一起，将为严重威胁人类健康的疾病，如糖尿病、心脑血管疾病和多种癌症的预防和治疗提供了更多的选择。

根据序列的同源性或者蛋白质空间结构与一级结构之间的联系，得到待测蛋白质结构

生命的种子——核酸

基因是遗传信息的基本单位，是一定长度的核酸片段。在 19 世纪，遗传学家就已经认识到，生物在繁衍后代时，不是直接将自身的器官实体复制、传递给子代，而是将一种指导生长、发育的信息指令传递给子代。指导子代生物体结构发生、发育和调节生命活动的全部信息就是遗传信息。20 世纪上半叶，生物学最重要的成就就是揭示了遗传的这种"信息特征"，下半叶又精确地阐明了遗传信息的物质基础（核酸）及其流动的规律。

一、核酸的发现

人类最终揭开基因之谜要归功于一条带脓血的外科敷料。1869 年，瑞士年轻医师、生物学家弗雷德里希·米歇尔（Friedrich Miescher）在其导师德国生物化学家恩斯特·霍普－席勒（Emst Hoppe-Seyler）的研究室进修期间，从敷料的脓血中分离、获得了"核素"。历史上有很多伟大的发现竟然是瞬间被人们捕捉到的，核酸的发现就带有这样的偶然性。米歇尔用稀硫酸钠溶液冲洗绷带，从带有完整细胞核的溃烂脓球（白细胞）分离到了细胞核，再用稀碱处理细胞核，得到了一种含磷量很高的未知物质——"核素"。在他发现核素不久，霍普－席勒从酵母菌中也分离到了这种物质。1879 年以后，当时作为霍普－席勒助理的奥尔布莱特·科塞尔（Albrecht Kossel）开始系统地研究核素的结构。因为在细胞核中发现的含磷"核素"具有酸性，所以后来改称核酸。

磷酸　　（脱氧）核

弗雷德里希·米歇尔   奥尔布莱特·科塞尔

    19 世纪末，脱氧核糖核酸（DNA）和核糖核酸（RNA）已经从细胞内结合蛋白质的复合物中被分离出来，这就使科学家们能够详尽地分析它们的化学结构。20 世纪 30 年代初，美籍俄罗斯生物化学家福布斯·列文（Phoebus Levene）及其他科学家证明，RNA 含有腺嘌呤 (A)、鸟嘌呤 (G)、胞嘧啶 (C) 和尿嘧啶 (U) 碱基，以及核糖（R），而 DNA 则含有腺嘌呤、鸟嘌呤、胞嘧啶和胸腺嘧啶 (T) 碱基，以及脱氧核糖（dR）。列文等证明了核酸由核苷酸

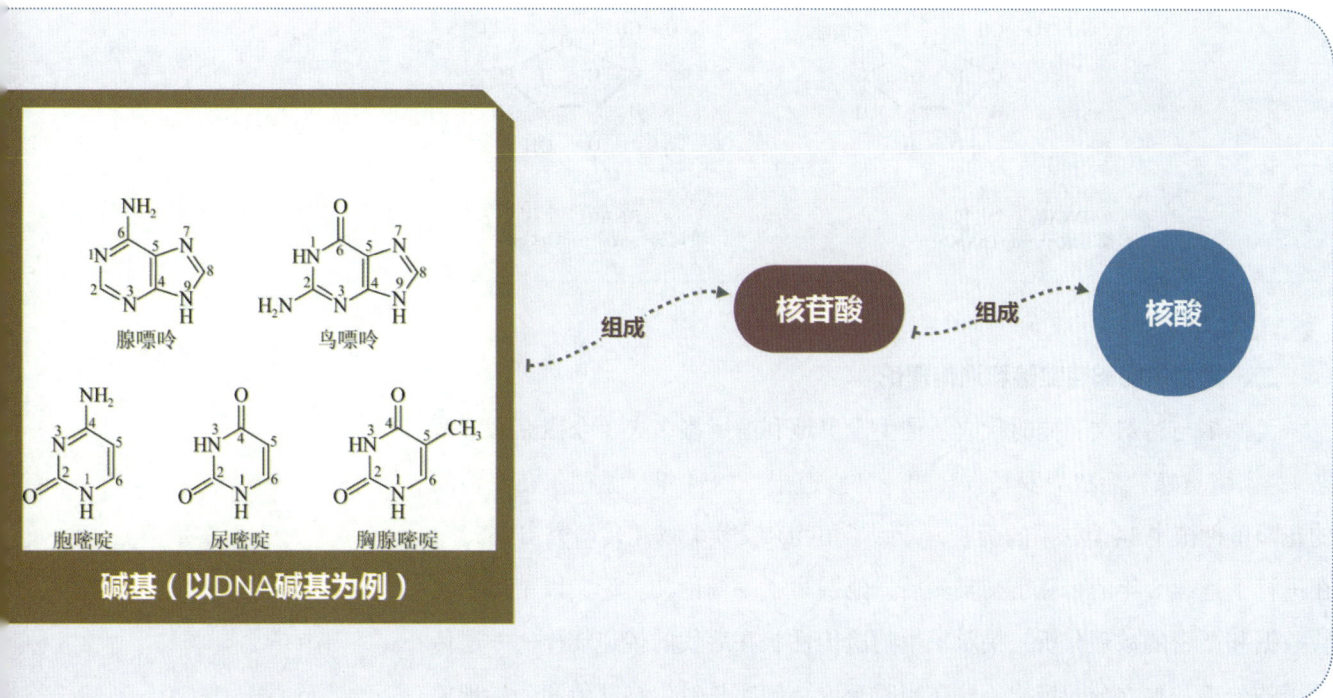

碱基（以DNA碱基为例）

腺嘌呤   鸟嘌呤

胞嘧啶   尿嘧啶   胸腺嘧啶

组成 → 核苷酸 → 组成 → 核酸

组成，而核苷酸则是由碱基、（脱氧）核糖和磷酸组成的。换言之，核酸就是以不同的核苷酸为基本单位连接而成的多聚核苷酸链。

但是，那时发现的核酸与基因究竟存在什么关系，当时既无人去联系，更无人会知晓。如果说，曾经有人将二者联系在一起并做出过重要贡献的话，那这个人就是格里格尔·孟德尔（Gregor Mendel）。讨论核酸的化学组成后，接着就应该讨论核酸的结构，特别是 DNA 的双螺旋结构，以及 DNA 与染色体的关系。

格里格尔·孟德尔

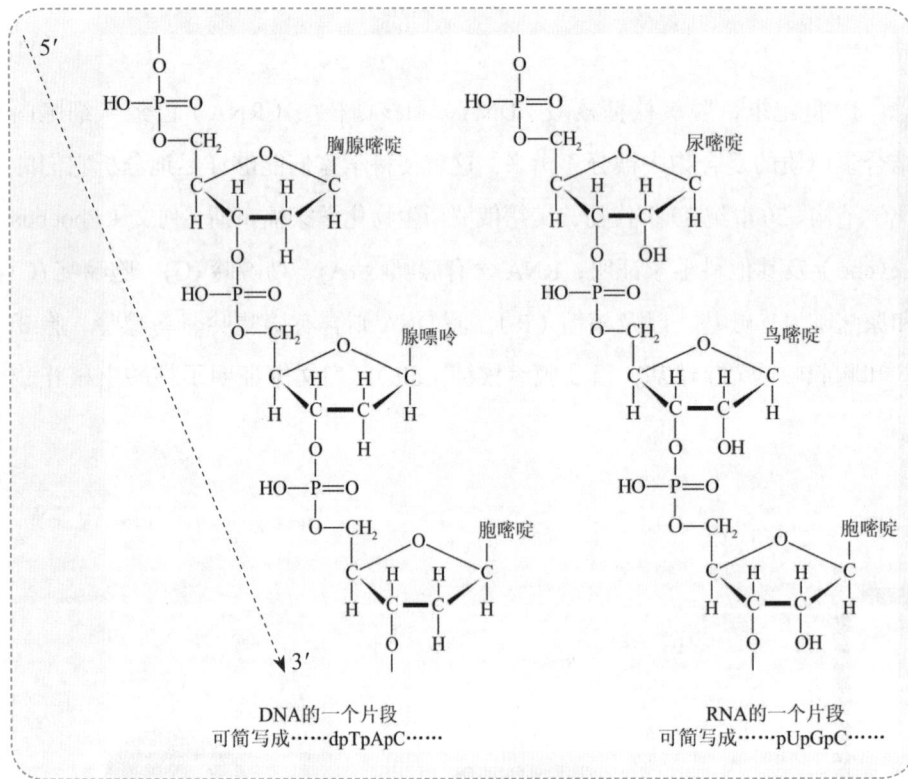

DNA的一个片段
可简写成……dpTpApC……

RNA的一个片段
可简写成……pUpGpC……

二、孟德尔的豌豆实验和遗传理论

孟德尔与达尔文属同时代人。他生于奥地利海因岑多夫（今捷克海恩塞斯），家境贫寒，后成为罗马教会的一名修道士。1854 年，孟德尔在修道院的花园里种植了 34 个株系的豌豆，开始了植物杂交实验的遗传研究。1865 年，在进行了连续 8 年的豌豆杂交实验后，他撰写了一篇论文。论文以精确的实验数据和严密的数理分析，揭示了生物遗传性状在后代的传递规律——遗传因子的分离和独立分配定律。这在当时来说，确实是对生物遗传和变异现象本质的揭示。孟德尔在奥地利布隆自然科学年会上分两次宣读了他的论文。遗憾的是，他这项划时代的惊人发现竟被权威们冷落，不屑一顾。尽管会后孟德尔把他的论文副本分送到欧美一百多家图书馆，但依然无人问津，直到孟德尔 1884 年逝世，世界显然还没有成熟到能够接受孟德尔的观点，就连达尔文也不承认孟德尔的研究成果对他的进化论的意义。

孟德尔的著作被束之高阁 30 多年后，胡戈·德·弗里斯（Hugo de Vries）等 3 位科学家重新发现了孟德尔的理论。从此，孟德尔提出的遗传因子的概念及其规律构成了现代遗传学的基础。孟德尔所说的遗传因子是一种物质实体，而不是虚无缥缈、变幻莫测的"灵性"或"生命力"之类的东西，遗传因子通过生殖细胞的行为（配子形成和结合）控制、影响生物的遗传性状。

遗传学的英文是 genetics，这一术语是孟德尔学说最热心的支持者威廉·贝特森（William Bateson）提出的。1906 年，他担任第三届国际杂交育种大会主席，在开幕词中向大会提议用 genetics 一词代表孟德尔定律被重新发现后蓬勃兴起的新学科分支。1905 年，威尔汉姆·约翰森（Wilhelm Johannsen）提议用 gene 一词代表孟德尔的遗传因子，中文将其译为"基因"。中文"基因"一词从字面上看有"基本因子"的意义，十分符合它所代表的概念的含义。基因就是孟德尔所说的遗传因子，每个基因决定或参与生物的一个特定性状的遗传。

孟德尔定律

孟德尔根据豌豆杂交实验的结果提出的遗传学中最基本的定律，包括分离定律和独立分配定律。

分离定律　一对遗传因子在杂合状态下并不相互影响，而在配子形成中又按原样分离到配子中去。孟德尔将开红花和开白花的纯系豌豆植株进行杂交，子一代（F_1）全部开红花。子一代自花授粉后得到的子二代（F_2）中，开红花的 705 株，开白花的 224 株，两数之比接近于 3：1。红花和白花是相对性状；其他 6 对相对性状的纯系杂交结果的也相同。杂交子一代中所表现的性状（如红花）称为显性性状。不表现的另一性状（如白花）称为隐性性状。隐性性状在子一代不表现出来，但在子二代中再度出现，表明控制隐性性状的因子既未消失，也未发生变化。在二倍体细胞里遗传因子是成对存在的，但配子细胞里只有成对因子中的一个。如开红花纯系植株的体细胞内有一对决定显性性状的遗传因子 CC；开白花的纯系植株有一对决定相对的隐性性状的遗传因子 cc。它们的配子里分别只有一个 C 或一个 c，所以两者结合的子一代是 Cc。由于 C 对 c 是显性，所以子一代植株都开红花。子二代中 CC 和 Cc 开红花，cc 开白花。所以红花和白花之比是 3：1。这是成对遗传因子在配子形成过程中彼此分离的结果。只具有像红花和白花这样一对遗传因子的杂交称为单因子杂交。子二代中所出现的 3：1 比例称为孟德尔式比例。孟德尔的遗传因子就是现所称的基因。

独立分配定律　两对或两对以上的基因在配子形成过程中的分配彼此独立。由于雌雄配子的随机结合，因而在子代中出现各种性状的各种组合，而且按一定的比率出现。如用结黄色饱满子粒和结绿色皱缩子粒的纯系作为亲本，杂交子一代子粒是黄色饱满的。子一代植株自花授粉得到的子二代子粒有 4 种，其中与亲本相同组合的黄色饱满子粒 315 个，绿色皱缩子粒 32 个，另外还有新出现的重组合黄色皱缩子粒 101 个，绿色饱满子粒 108 个。上述 4 种类型的数目之比接近 9：3：3：1。

上述实验结果表明控制饱满（用 R 表示）和皱缩（用 r 表示）、黄色（用 Y 表示）和绿色（用 y 表示）这两对相对性状的基因独立地分别进入不同的配子中，形成各种组合。R 对 r 是显性，Y 对 y 是显性，所以子一代都是黄色饱满子粒。由于 R 和 r 的分离以及 Y 和 y 的分离是独立的，各自都按 3：1 这一比例分离，所以双因子杂种中两对性状的分离比是（3：1）^{2} 即 9：3：3：1。孟德尔在研究的 7 对相对性状中，任取两对性状进行杂交，都得到了与上述相同的结果。

为验证杂合体中既存在着显性基因又存在着隐性基因，孟德尔还首创测交法——把待测的杂合体与双隐性亲本进行回交。由于双隐性亲本产生的配子带有两个隐性因子，所以待测杂合体的显性因子和隐性因子在后代中都会有所表现。这样，从回交子代的表型就可以直接判断杂合体的基因组成。如把产黄色饱满子粒的纯系植株和产绿色皱缩子粒的纯系植株进行杂交，然后把杂合体和双隐性亲本回交。从测交子代 4 种表型的比数 1：1：1：1 可以看到在黄色饱满亲本的配子形成过程中，两对因子的分配是独立的。

在孟德尔之前也有人做过植物杂交实验。他们的缺点都是同时观察许多性状而笼统地描述亲子间的相似或不同。孟德尔则从一对性状着手，计数每一代中具有显性或隐性性状的个体数，然后再进行统计分析。在一对性状的遗传规律被阐明以后，再研究两对性状的遗传规律。为此他选用豌豆作为材料。作为杂交实验的材料，是因为豌豆有如下优点：① 各个豌豆品系具有可以区分的稳定的性状，例如花色的红与白、植株的高与矮、子叶的黄与绿等。② 豌豆是自花授粉植物，而且是闭花授粉，所以易于避免外来花粉的混杂，而且也便于进行人工去雄和授粉。此外，豌豆的豆荚成熟后子粒都留在豆荚中，便于各种类型子粒的准确计数。

孟德尔定律说明了每一个遗传因子的行动是独立的，这是颗粒遗传学说的基础。他的实验材料虽然是豌豆，但是他总结的遗传学定律则普遍适用于整个生物界。

三、摩尔根的果蝇实验将基因定位在染色体上

在 20 世纪的最初 10 年里，孟德尔遗传学说飞速发展，孟德尔定律在许多生物学研究中得到证实。但是，那时的遗传学研究仍局限在肉眼可观察到的形态性状上，对遗传因子，即基因的认识仍摆脱不了猜测。后来，通过实验方法证实了染色体在遗传中的中心地位，提出染色体遗传理论并创立了细

胞遗传学，其中的代表性人物是美国进化生物学家、胚胎学家、遗传学家托马斯·亨特·摩尔根（Thomas Hunt Morgan）。

如果说孟德尔用豌豆研究的是植物遗传，那么，摩尔根则是选用了现代生命科学称之为模式生物的果蝇来研究动物遗传。果蝇个体小，大约两周就可繁殖一代，繁殖量很大；果蝇的饲养也比较简单；果蝇只有4对染色体（1对性染色体，3对常染色体），特别便于细胞学观察。因此，采用果蝇进行遗传学研究既可在短时间里观察大量个体多个世代的表观，满足孟德尔遗传学研究的统计学要求，又可方便地对染色体行为进行显微观察。以果蝇为对象的研究始于1910年，此后，果蝇这种小小的昆虫为我们认识生物遗传的秘密做出了不可估量的贡献。

摩尔根的研究突破是从发现一只白眼雄性果蝇突变体开始的。正常果蝇

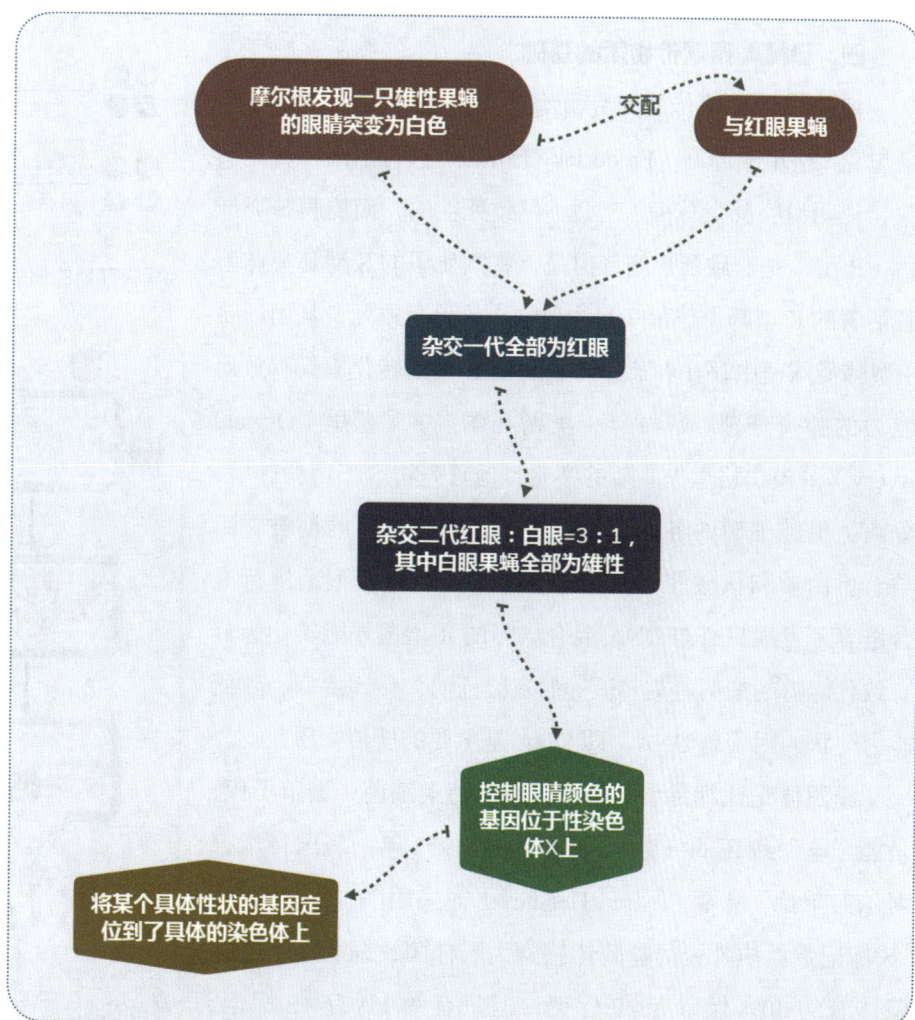

托马斯·亨特·摩尔根

摩尔根发现一只雄性果蝇的眼睛突变为白色 —交配— 与红眼果蝇

杂交一代全部为红眼

杂交二代红眼：白眼=3：1，其中白眼果蝇全部为雄性

控制眼睛颜色的基因位于性染色体X上

将某个具体性状的基因定位到了具体的染色体上

的眼睛是红色，经过一年左右的观察、搜寻后，摩尔根发现了一只雄性果蝇眼睛突变成了白色。他使这只白眼雄果蝇与一只红眼雌果蝇交配，观察眼睛的颜色性状在后代中的传递情况。他发现，杂交一代（F₁）个体的眼睛全部是红色的，说明红眼基因对白眼基因是显性的。杂交二代（F₂）的眼睛颜色开始出现分离，分离比例是孟德尔遗传规律预期的 3:1，即红眼 : 白眼 =3:1。特殊的地方是，白眼果蝇全部是雄性的，换句话说，眼睛的颜色与性别之间存在着某种关联。摩尔根经过论证得出，控制眼睛颜色的基因位于性染色体 X 上，所以才会出现上述结果。此后，摩尔根的学生和助手通过研究性染色体的错误分配与性别异常的关系，证明了在具体性状与特定染色体（性染色体）之间存在的联系，这些研究结果令人信服地将某个具体性状的基因定位到了具体的染色体上。

四、DNA 是遗传物质的基础

核酸与生物遗传基因究竟有什么关系？1928 年，弗里德里克·格里夫菲斯（Frederick Griffith）进行了细菌转化实验，证明滑膜肺炎球菌（S 型）是致死性的，而糙膜肺炎球菌（R 型）是非致死性的；但是，将煮死了的 S 型肺炎球菌和活着的 R 型肺炎球菌一起注射给小鼠仍会致死，从而证明 S 型肺炎球菌中存在着某种物质能使 R 型菌转化成具有致死能力的肺炎球菌。1944 年，奥斯瓦尔多·艾弗里（Oswald Avery）等模仿格里夫菲斯的实验，他首先将 S 型菌粉碎后，分离、提纯细菌的各种物质，获得了纯度很高的糖类、脂类、蛋白质和核酸等，再将这些物质分别与 R 型菌进行混合培养，发现只有与 DNA 混合培养的 R 型菌才能转化为具有致死能力的细菌。艾弗里等的实验证明，传递致病、致死能力性状的因子是 DNA，即 DNA 是主要的遗传物质。

噬菌体是比细菌小的病毒，专门感染细菌，繁殖子代，是能"吃"细菌的病毒，故得其名。1952 年，美国科学家阿尔弗莱德·赫希（Alfred Hershey）等采用 ^{32}P 标记 DNA、^{35}S 标记蛋白质外壳的噬菌体感染大肠杆菌，证明新生的噬菌体有约 30% 保留有 ^{32}P 标记，但只有约 1% 有 ^{35}S 标记，

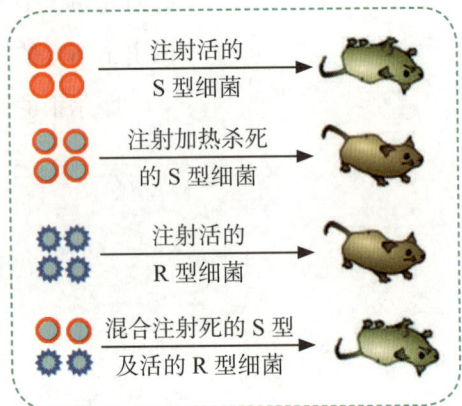

格里夫菲斯的细菌转化实验

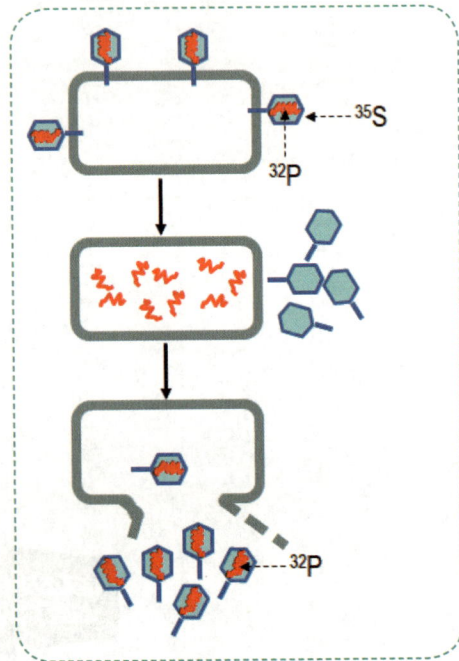

赫希的同位素标记的噬菌体感染大肠杆菌试验

进一步证实了艾弗里的观点——DNA 是主要的遗传物质。

后来，科学家们陆续发现了以 RNA 为基因组的 RNA 病毒，证明 RNA 也是可携带遗传基因的物质。

2016 年 9 月 20 日，一名工作人员打开国家基因库零下 4 摄氏度冷库的门。 在西方神话中，诺亚建造了一艘方舟，带着各种牲畜、鸟类等，躲避了大洪水，安然渡过"世界末日"。 一粒种子、一个细胞、一管血液、一口唾沫、一段脱氧核糖核酸、一条数据……这些不起眼的"现在"可能是构建未来生物科技和产业的砖石。在现实世界中，美国、欧盟和日本都拥有世界级基因库，由此掌握生命经济时代的战略性资源。9 月 22 日起在深圳开始运营的国家基因库正是带着"留存现在、缔造未来"的使命诞生。中国将拥有这样一艘"诺亚方舟"，承载人类及其他生物的遗传样本和密码。

新华社记者毛思倩摄

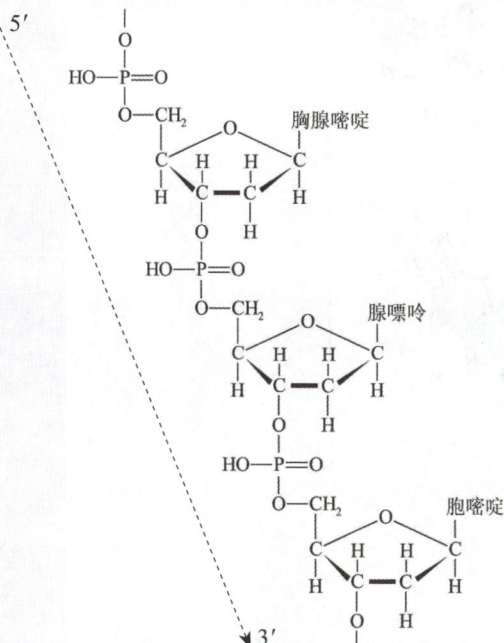

DNA 的一个片段
可简写成……dpTpApC……

多聚核苷酸链

五、DNA 分子是双螺旋结构

沃森和克里克提出 DNA 的结构形式是双螺旋，即沃森-克里克 DNA 模型。双螺旋模型的提出为揭示 DNA 复制、生命复制等机制奠定了基础，在生命科学领域具有划时代的意义。沃森、克里克和威尔金斯也由于他们具有划时代意义的重大发现获得了 1962 年的诺贝尔生理学或医学奖。

与蛋白质/多肽相似，DNA 也是多聚体，两条由四种脱氧核糖核苷酸连接而成的多聚核苷酸链构成互补组合，其结构也可分为一级和空间结构层次。

（一）DNA 一级结构就是核苷酸序列

脱氧核糖核苷酸以 3′，5′-磷酸二酯键相连的结构为 DNA 的一级结构，沿 5′→3′ 方向排列。由于 DNA 分子中脱氧核苷酸彼此之间的差别仅见于碱基部分，因此 DNA 的一级结构又指其碱基序列。

（二）组成 DNA 的两条互补链形成双螺旋结构

DNA 分子碱基组成具有特定的规律。1945~1950 年，厄文·夏格夫（Erwin Chargaff）分析了各种来源 DNA 的碱基组成，发现具有以下特点：①不同物种 DNA 的碱基组成不尽相同；②同一个体的不同组织的 DNA 碱基组成相同；③无论何种来源的 DNA，其分子中的腺嘌呤（A）与胸腺嘧啶（T）的摩尔含量相等，鸟嘌呤（G）与胞嘧啶（C）的摩尔含量相等，因此，DNA 中嘌呤的摩尔总数与嘧啶的摩尔总数相等。这就是夏格夫法则。

DNA 是右手双螺旋结构。基于莫里斯·威尔金斯（Maurice Wilkins）和罗莎琳·富兰克林（Rosalind Franklin）对 DNA 晶体的 X 射线衍射分析结果及夏格夫法则，詹姆斯·沃森（James Watson）和弗朗西斯·克里克（Francis Crick）通过对原子间距及键角的精确计算，证明碱基酮基的氧原子或环氮原子的电子可与另一碱基的环氮氢原子或连接在碱基上的氨基氢原子形成氢键，即在 A 与 T、G 与 C 之间可配对形成氢键。

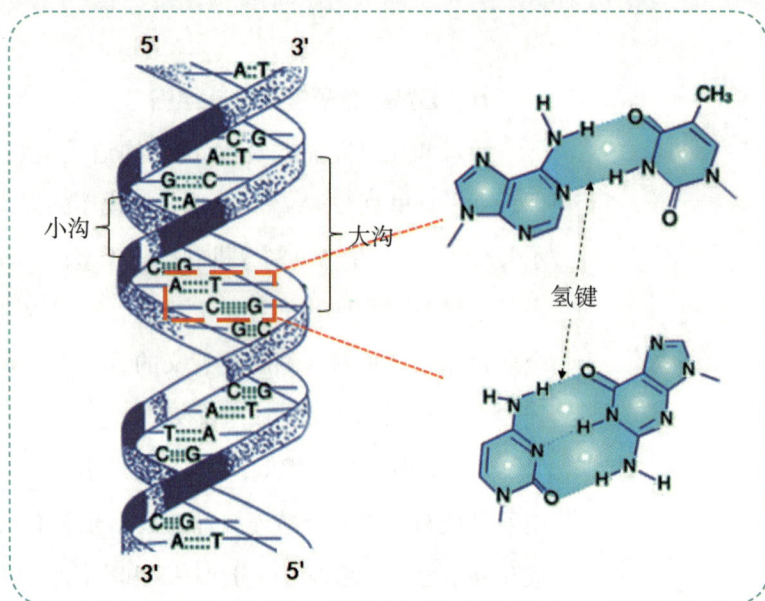

DNA 双螺旋模型及碱基配对示意图

沃森和克里克的 DNA 双螺旋要点如下：

（1）DNA 分子由两条反向平行（沿 $5' \rightarrow 3'$ 方向相对而行）的脱氧核苷酸链围绕同一长轴形成右手螺旋。

（2）两条脱氧核苷酸链间以配对碱基之间形成的氢键相连，即两条互补链对应的碱基分别通过 2 个和 3 个氢键形成 A=T、G ≡ C 配对（即沃森－克里克碱基配对）。配对的碱基为互补碱基，组成 DNA 的两条链为互补链。

（3）螺旋中的碱基对（base pair，bp）平面与螺旋轴垂直，相邻碱基对沿轴旋转 36°，上升 0.34 纳米。每个螺旋含 10 个碱基对；螺距为 3.4 纳米，螺旋直径 2.0 纳米。DNA 两链间的螺旋状凹陷一侧较浅，称为小沟，对侧较深，称为大沟。大、小沟携带有其他分子可识别的信息，是 DNA 与蛋白质相互作用的基础。

（4）DNA 双螺旋结构由互补碱基之间的氢键和上下碱基堆积形成的疏水键维持其稳定性。

了解 DNA 的化学结构特征，特别是双螺旋模型的要点，是理解生物遗传分子机理的关键。DNA 双螺旋结构模型的提出意味着分子生物学这门学科的诞生，人类探索生命奥秘的艰难历程开始进入蓬勃发展的新时代。

（三）DNA 的超螺旋结构与染色质组装

DNA 双螺旋结构可进一步盘曲形成更加复杂的、多种形式的超螺旋结构。绝大多数原核生物 DNA 是共价封闭的环状双螺旋分子，在细胞内旋转、盘绕成超螺旋结构或局部超螺旋，形成原核细胞的拟核结构（以 DNA 为主，结合一些蛋白质及少量 RNA）。真核生物双螺旋 DNA 在细胞核内围绕八聚

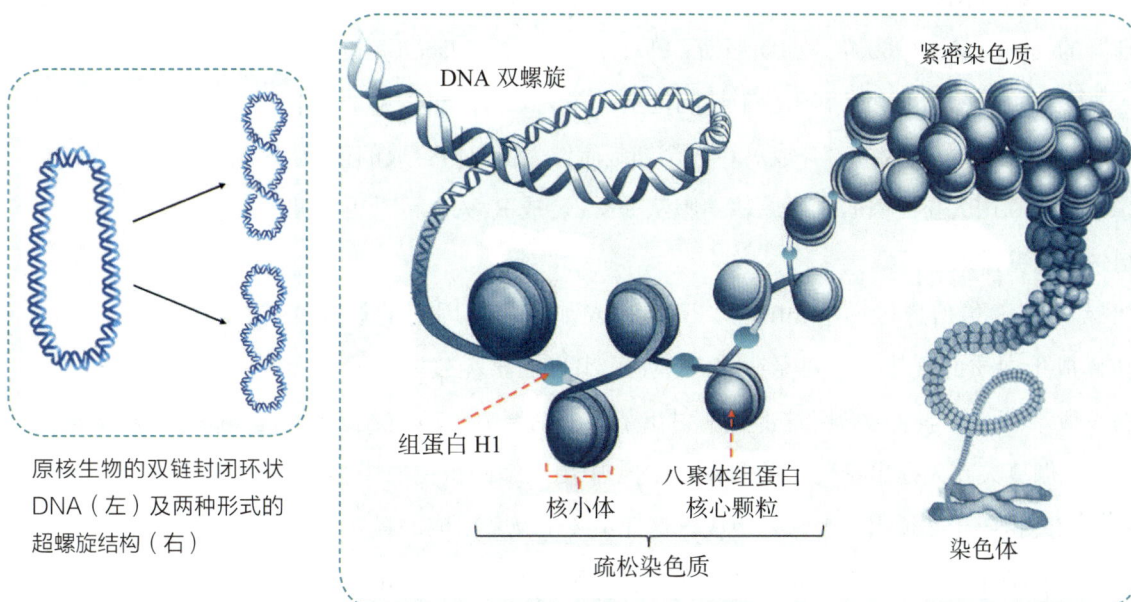

原核生物的双链封闭环状 DNA（左）及两种形式的超螺旋结构（右）

双螺旋 DNA 与组蛋白结合形成染色质纤维及染色体

体组蛋白（H2A、H2B、H3 及 H4 各两个）核心颗粒旋转 1.75 圈（146 bp）的超螺旋，形成染色体的基本结构单位——核小体；两个核心颗粒之间的双螺旋 DNA（60 bp）与组蛋白 H1 结合，这样形成了串珠样结构。在串珠样结构基础上，再进一步旋转，形成 30 纳米的染色质纤维细丝。30 纳米纤维扭曲形成染色质，进而盘绕成染色体。因此真核生物双螺旋 DNA 在染色质中被形容为超超螺旋。

六、多样的 RNA

从化学组成上看，RNA 分子所含的戊糖仅比 DNA 的戊糖多 1 个氧原子；其碱基不含胸腺嘧啶，而代之以尿嘧啶，其余成分相同。从结构上看，RNA 与 DNA 大不相同，RNA 长度要短得多，在单链内部可形成局部双链。从种类和功能上看，RNA 的种类和功能更加复杂。截至 2010 年，围绕 RNA 的种类和功能的研究，共有 30 位科学家获得诺贝尔奖。直至今天，科学家们还在不断发现新的 RNA 种类和新的功能。前已述及，某些 RNA 病毒以 RNA 为基因组，因此 RNA 也是可携带遗传信息的物质。下面结合四类常见的 RNA 的功能做一些介绍。

（一）信使 RNA 是蛋白质合成模板

信使 RNA（mRNA）的概念产生于 20 世纪 50 年代末，与克里克对"中心法则"的描述有关。1960 年，弗朗西斯·雅各布（Francois Jacob）和雅克斯·莫诺德（Jacques Monod）利用放射性同位素示踪法证明，mRNA 是在细胞核内以 DNA 为模板合成的，合成后转移至细胞质作为蛋白质合成的模板。此外，他们还利用大肠杆菌研究了原核细胞从 DNA 合成 RNA（转录）的调控机制——乳糖操纵子模型。

DNA 可将遗传信息传递给 mRNA，但 mRNA 如何将基因上的核苷酸序列转译成蛋白质的氨基酸序列呢？mRNA 上一串串的核苷酸序列就像无字天书一般难懂，科学家为解密这部天书付出了艰辛的努力。20 世纪 50 年代，乔治·伽莫夫首先提出密码子的假设：RNA 中用来编码蛋白质中 20 个标准氨基酸的密码子必须由 3 个碱基组成，这样由 4 个碱基组成的最多编码是 $4^3=64$ 个氨基酸。最终，克里克等多名科学家的实验证明密码子由 3 个连续的 DNA（核苷酸）碱基组成。但对遗传密码破解起决定性作用的是马歇尔·奈伦伯格（Marshall Nirenberg）和亨利希·马特伊（Heinrich Matthaei）。他们在 1961 年首次证实 UUU 代表苯丙氨酸的遗传密码，随后在多位科学家的努力下，到 1966 年，64 种遗传密码全部被破译，并有了第一张遗传密码表，其中 61 种密码编码 20 种氨基酸，另外 3 种（UAA、UAG、UGA）为终止密码。奈伦伯格和同事还比较了大肠杆菌与爪蟾、仓鼠的遗传密码，结果发现它们都使用相同的遗传密码，这便是密码的通用性。这项发现具有十分重要的哲学意义，它意味着地球上所有生命形式都使用相同的语言，随后广泛的研究进一步证实了这个结论。遗传密码的破解破除了横亘在核苷酸序列与氨基酸序列之间的藩篱，推动人们对遗传信息表达过程的理解到达一个全新境界。

"鬼才"伽莫夫

伽莫夫是一位兴趣广泛的物理学家，且对其涉猎与研究的其他领域也有深远的影响。早年从事原子核物理学研究。1928 年提出核 α 衰变理论，1936 年建立了 β 衰变中的伽莫夫－特勒选择定则。1938 年后转向天体物理学，研究恒星的核能源和恒星的演化，他首先发展了化学元素的天体起源的基本思想。1948 年后，提出了热大爆炸学说，预言宇宙中存在着微波背景辐射，为标准的大爆炸宇宙论打下基础。1954 年，他提出生物学中关于遗传密码的重要概念。

伽莫夫生于俄国敖德萨（今属乌克兰），卒于美国科罗拉多。1922~1929 年先后就读和工作于敖德萨的新俄罗斯大学和列宁格勒大学（今圣彼得堡国立大学）。1928~1931 年去西欧，在丹麦哥本哈根大学理论物理学研究所及英国剑桥大学卡文迪什实验室等处工作。1931 年任列宁格勒大学教授。1933 年离开当时的苏联，在巴黎的居里研究所及英国的伦敦大学短期逗留后，于 1934 年去美国。后入美国籍。1934~1956 年任乔治·华盛顿大学教授。1956~1968 年任科罗拉多大学教授。

（二）核糖体 RNA 与蛋白质结合的复合体是蛋白质合成的场所

核糖体 RNA（rRNA）是细胞内含量最丰富的 RNA，在细胞的内质网与核糖体蛋白结合、形成核糖体的大、小亚基是蛋白质的合成场所。对大量生物的 rRNA 序列分析表明，地球上现存的所有生命形式都具有 rRNA 的共同结构和序列特征，这反映了生命形式的共同祖先。通过绘制不同来源的 rRNA 分子之间的相似性和差异性图谱，可为生物系统发育（进化）关系提供清晰和定量的信息。对 rRNA 分子的分析使我们发现了古菌是一类独立于原核生物和真核生物之外的生命形式。

（三）转移 RNA 负责氨基酸的转移

在蛋白质合成过程中，mRNA 结合到核糖体上，等待氨基酸的出现。氨基酸则由转移 RNA（tRNA）转移至核糖体。氨基酸与相应 tRNA 的结合由能同时识别氨基酸和 tRNA 的酶来催化。在转移过程中，tRNA 的 3′ 端连接氨基酸，同时 tRNA 形同三叶草的顶叶上还有反密码子，能特异识别位于 mRNA 上的密码子，将氨基酸按照密码子的排列顺序生成多肽链。新生肽链氨基酸之间肽键的形成则是由核糖体上具有特异催化活性的 rRNA 完成的，这类能发挥酶催化活性的 RNA 被称为核酶。

（四）非编码 RNA 表观遗传调控基因的表达

非编码 RNA（ncRNA）是一类不为蛋白质编码的 RNA 分子。从这个定义讲，rRNA 和 tRNA 也属于非编码 RNA，但科学家所说的非编码 RNA 常指 tRNA、rRNA 之外的非编码 RNA。细菌等原核生物的非编码 RNA 被习惯统称为小 RNA（sRNA）；真核生物的非编码 RNA 种类繁多，包括微 RNA（miRNA）、小干扰 RNA（siRNA）、Piwi- 蛋白结合 RNA（piRNA）、小核仁 RNA（snoRNA）、小核 RNA（snRNA）、长（链）非编码 RNA（lncRNA），以及在细胞外、卡哈尔体等不同部位发现的各种 ncRNA。这些 ncRNA 可通过多种机制调节基因的表达，但不改变 DNA 序列，故称表观遗传调控，如 miRNA 主要影响 mRNA 翻译成蛋白质；snoRNA 参与 rRNA 的加工；snRNA 参与 mRNA 的剪接成熟；lncRNA 通过"海绵吸附"作用竞争抑制 miRNA 等的功能，并参与染色质重塑。非编码 RNA 表达和功能异常可引起某些疾病，成为疾病诊断的标志和治疗的靶点，是近年研究的热点。

七、核酸科学进入新时代

人类基因组计划完成后，科学发展进入后基因组时代，对基因表达过程的精确阐释成为人们研究的新目标。随着生物学新的发现及与其他相关学科的渗透、融合，在认识 DNA 序列的基础上，人类在 DNA 序列改造上开始了新的探索。其中的典型代表是基因编辑和合成生物学。

（一）基因编辑的是与非

"基因编辑"的正式名称为基因组编辑（genome editing）或基因组工程

（genome engineering），又称基因打靶、DNA 编辑，通过 DNA 的插入、删除、修饰或置换，改造或修饰活的有机体的基因组。与早期的遗传工程不同的是，早期是随机插入，而基因组编辑是针对宿主基因组的特异位点进行的插入或相关修饰，故称基因组编辑。基因组编辑是通过特定编辑技术实现的，其主要技术策略有以下几种。

1. 同源重组介导的基因敲入（KI）和敲除（KO） 其基本原理是在细胞（干细胞、生殖细胞或体细胞）或动植物体内，使外源 DNA 与基因组 DNA 通过同源重组实现特异基因改造或修饰。基因敲入（KI）是将外源基因引入细胞或动植物体，使其过表达或置换异常或疾病受累基因，用于建立转基因细胞模型或转基因动植物，用于基因治疗（研究）或建立新品系。基因敲除（KO）是将外源基因引入细胞或动植物体内，使靶基因失活，用于建立基因缺陷细胞模型，而后根据表型变化，鉴定基因功能，或用于研究疾病机制、治疗及特殊目的（如药物筛选）。

2. 小分子 RNA 介导的基因敲减（KD） 简称基因敲减，是利用小干扰 RNA、微 RNA 等使靶基因表达下调。

3. 核酸酶介导的基因编辑 包括锌指核酸酶（ZFNs）、转录激活因子样效应核酸酶（TALENs）和规律性间隔短回文重复序列簇 /Cas 核酸酶（CRISPR/Cas）介导的基因修饰。ZFNs 和 TALENs 需通过蛋白质工程制备可识别特异 DNA 序列的融合蛋白，既含锌指蛋白或转录因子的 DNA 结合域，又含能切割 DNA 的核酸酶，在特异位点切割 DNA，形成双链断裂位点，而后细胞通过非同源重组末端连接（NHREJ）或同源重组修复缺陷基因；若引入突变序列，可实现基因敲除。CRISPR/Cas 系统有 3 型，CRISPR/

五只生物节律紊乱体细胞克隆猴（2018 年 11 月 27 日摄）。中国科学院神经科学研究所的研究团队经过三年努力，利用 CRISPR/Cas9 技术，成功构建了世界首例核心节律基因 BMAL1 敲除猕猴模型。该成果表明中国正式开启了批量化、标准化创建疾病克隆猴模型的新时代，为脑认知功能研究、重大疾病早期诊断与干预、药物研发等提供新型高效的动物模型。

中科院神经科学研究所供图（新华社发）

Cas Ⅰ、Ⅲ型需要多个 Cas 蛋白，而Ⅱ型只需 1 个 Cas9 即可切割 DNA。采用 CRISPR/Cas9 系统需设计 1 个单链向导 RNA（含有既可识别特异 DNA 序列，又可结合 Cas9 的发夹结构域）和可诱导激活的 Cas9，即可实现定向基因改造。

与 ZFNs、TALENs 比较，CRISPR/Cas9 相对成本低、简便、快捷、高效，目前风靡于世界各地实验室，成为当前科研领域的热门工具。需要特别指出的是，包括 CRISPR/Cas9 在内的基因组编辑技术，在应用过程中还存在诸多问题，其中最主要的是脱靶效应。该效应是指由于识别系统不够特异、完善，导致在特定位点编辑 DNA 的同时，在非目的位点也发生核酸编辑。这相当于药物的副作用。科学家们一个重要的努力方向就是如何避免脱靶效应，防止在实现致病基因改良的同时引入新的突变，产生不可预知的严重后果。

基因编辑技术的研究和应用涉及伦理、科学规范、法律和法规等问题。当前，基因编辑技术仅能用于动物实验和人的成体细胞研究，严禁用于人的生殖细胞编辑，包括精子、卵子和胚胎的改造。如果在人类的基因库中引入新的未知风险的基因型，那么通过长期自然选择形成的人类基因库可能会产生不可预知的"污染"或不良后果。因此，基因编辑技术的研究和应用必须严守科学规范，遵守国家有关的伦理、法律和法规。

（二）合成生物学

合成生物学是一门新兴的学科，进入 21 世纪以来迅速发展。早在 1974 年，波兰遗传学家就预言了生物学可能的未来——合成生物学。简单释义，合成生物学就是生物学与工程学的交叉学科，就是在对生命体基因组、生命发生的基本需要、基因调控网络等系统认识基础上，采用多学科（包括生物技术、遗传工程、分子生物学、分子工程学、系统生物学、膜科学、生物物理学、化学与生物工程、进化生物学等）原理与技术，为生命科学、工程技术和医学应用的研究构建人工生命体系或"人造生命"。这将为生物学、医学基础研究提供崭新的科学思想，并带来新一轮技术革命浪潮。在这一领域，代表性尝试就是 2010 年克雷格·温特研究采用"顺向法"策略，结合改进的细胞基因工程技术，设计、合成、组装了新型支原体细胞。

我国合成生物学也发展迅速。2018 年 8 月，我国科学家继酿酒酵母染色体的从头设计与化学合成后，首次人工创建了单染色体的真核细胞，开启了我国合成生物学研究的新时代。

生命的基石——细胞

生命有机体种类繁多。且不说大千世界中有数不清的动物、植物，即使你走进蝴蝶博物馆，你也会惊讶地发现，那么一个小小的昆虫纲鳞翅目，种类在全世界竟有约 15 万种，我国也有 1 万余种。除了微生物中的病毒外，所有生命有机体，无论是单细胞还是多细胞生物，从大至鲸或大象到小至蓝藻和草履虫都是以细胞作为其生命活动基本单位的。因此，无论是世界上最大的细胞——鸵鸟卵（直径约 12 厘米），还是最小的细胞——支原体（直径约 0.1 微米），都具有细胞的基本结构和功能特征。为此，要了解神奇的生命现象及生命活动的基本规律，就要认识细胞。没有细胞就没有生命，就没有生命世界。

草履虫和北极熊

一、原核细胞与真核细胞的根本区别

生命形式经历了由简单到复杂的漫长进化过程，细胞作为生命体的基本结构和功能单位，其复杂程度也必然互不相同。通过显微镜观察细胞结构，生命有机体的细胞可被分为两大类——真核细胞和原核细胞。两者的根本区别就在于它们的基因组 DNA 的存在形式。真核细胞具有的典型的细胞核，基因组 DNA 被包裹在细胞核膜内。原核细胞没有细胞核，基因组 DNA 与一些蛋白质结合，形成核样聚集，故称"拟核"。此外，真核细胞的细胞质进一步分化，形成了更复杂、具有特定结构与功能的多种细胞器。这种差别皆因原核细胞没有，而真核细胞具有完善的生物膜系统，将细胞质区间化。

根据两类细胞的不同，生物被分为原核生物和真核生物。由原核细胞构成的单细胞有机体称为原核生物，包括支原体、立克次氏体、衣原体、螺旋体、放线菌、蓝（绿）藻、裂殖菌（细菌）等。由真核细胞构成的单细胞或多细胞有机体称为真核生物，包括植物、真菌和动物。

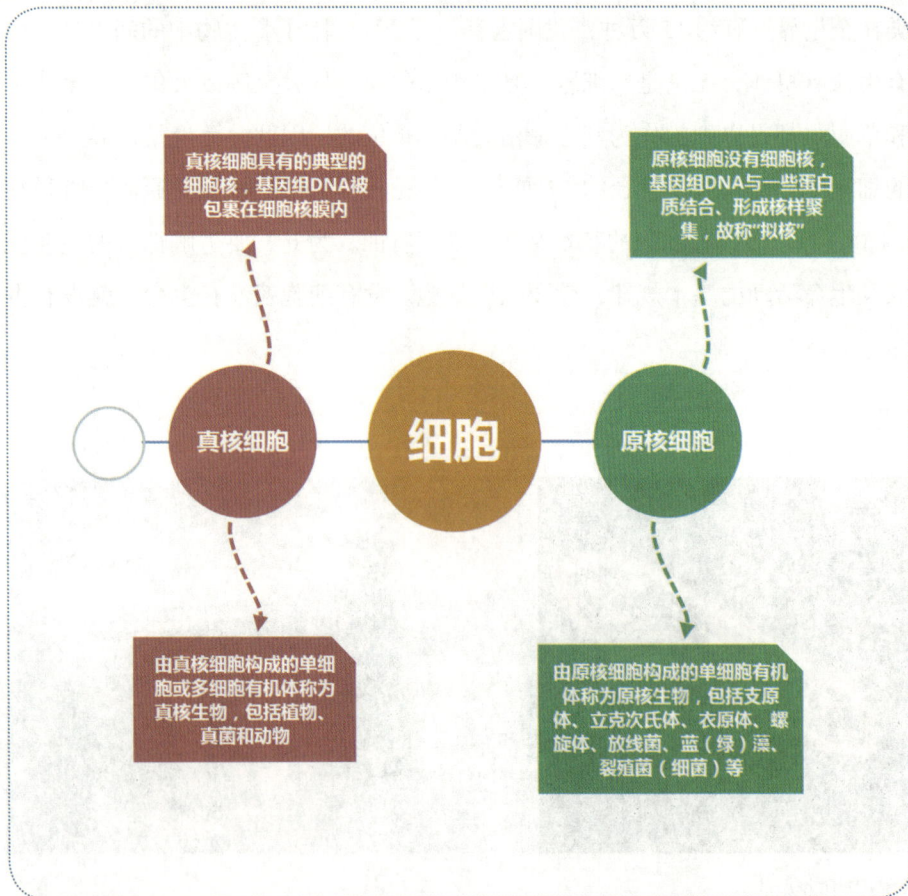

真核细胞具有的典型的细胞核，基因组DNA被包裹在细胞核膜内

原核细胞没有细胞核，基因组DNA与一些蛋白质结合、形成核样聚集，故称"拟核"

真核细胞

细胞

原核细胞

由真核细胞构成的单细胞或多细胞有机体称为真核生物，包括植物、真菌和动物

由原核细胞构成的单细胞有机体称为原核生物，包括支原体、立克次氏体、衣原体、螺旋体、放线菌、蓝（绿）藻、裂殖菌（细菌）等

二、原核细胞的结构与功能

原核细胞具备细胞结构，但进化程度极低，无核膜和核仁，没有细胞核的形态，仅有 DNA 盘绕而成的拟核；除核糖体外没有其他细胞器。

（一）已知最小的细胞——支原体

支原体最早是从牛胸膜肺炎中分离得到的，因此曾称为类胸膜肺炎微生物，医生们常简称它为 PPLO，虽然其直径只有约 0.1 微米，仅为细菌的1/10，但感染宿主后寄生于人体或动物的细胞内，引起疾病，包括胸膜肺炎、关节炎、尿道炎等。由于它位于细胞内，药物不易进去，因此治疗较困难。迄今科学家已分离出 80 余种支原体，它们遍布世界各地，种类多，影响面广，危害极大。鉴于支原体的生物学特征及其医学意义，已形成一门独立的学科——支原体学。目前已确定对人有致病性的支原体有 5 型，即肺炎支原体、解脲支原体、人型支原体、生殖道支原体、隐匿支原体。近年来还从艾滋病逝者的尸体中分离到一种新的支原体，已证明它也能引起人的致死性疾病。

支原体外表有一层细胞膜，由磷脂双分子层构成，厚约 10 纳米。支原体的细胞膜具有保护、变形、与外界环境交换物质及通信等多种功能。细胞膜包裹的内部物质称为细胞质。在细胞质中还有一些更小型的细胞器；对于支原体来说，它的主要细胞器只有一种，称为核糖体，多呈小球状，是蛋白质合成的"机器"，是支原体生命存在及运作的基础。此外，在细胞质中还有环状 DNA。针对支原体的这些结构功能特征，医生们常用红霉素、四环素或林可霉素治疗支原体感染性疾病。

（二）无处不在的细菌

几乎没有人未听说过细菌，它们是自然界中分布最广、数量最多、与人类生活休戚相关的一类微生物。按其形态可分为球菌、杆菌和螺旋菌三种；按其是否可引起人类疾病可分为致病菌（如肺炎球菌、麻风杆菌、霍乱弧菌等）与非致病菌两大类。当然这种区别不是绝对的，有些细菌在正常情况下是不致病的，如 1885 年，大肠埃希菌在人粪便中被发现，该菌寄生人肠道，伴随人终生，属于正常菌丛；当该菌"误走他乡"或人体免疫力下降时，如进入泌尿道等肠外组织，则可致病，为此它们又被称为"条件致病菌"。

细菌也有一层由磷脂双分子构成的细胞膜，它除了有与外界隔离的作用外，还有呼吸、与外界进行物质交换、分泌与运输蛋白质等功能。此外，在细胞膜外还有一层细胞壁，其成分是一种称为肽聚糖的糖与短肽的聚合物，由于它很坚韧，机械强度高，因此有保护作用，而且细胞壁成分与细菌的抗原性、致病性、对病毒的敏感性以及对药物的抵抗性都有很大关系。为此，科学家们对细菌细胞壁的组成与功能十分感兴趣，以期利用细胞壁来产生抗体，或制订抗细菌耐药的对策。细胞膜内为细胞质，这是合成代谢的主要部位，其间也散布着核糖体，与蛋白质合成有关。有时可看到细胞膜陷至细胞质中，形成一种复杂的褶叠结构，成为中间体或质膜体，这可能与细菌 DNA 的复制、细胞分裂、细胞的能量代谢等功能有关。细菌的 DNA 分子呈环状，长约 1200~1400 微米，折叠、缠绕形成拟核（或称类核），没有核膜包裹。十分有意义的是，在细胞质中还分散着一些小型环状 DNA，称为质粒，它含有一定的编码基因，赋予细菌某些特性（如抗药性等），还可以自行复制。因此，科学家们常利用质粒 DNA 自我复制、编码抗性蛋白质（如抗青霉素）等特性，改造它作为基因克隆、基因转移的载体。

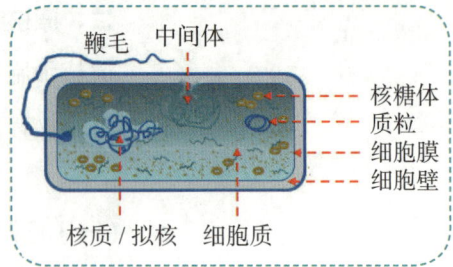

细菌结构示意图

（三）活出"极限"的古菌

在 20 世纪的大多数时间里，原核生物被视为一组生物。1965 年，生物学家埃米尔·朱克坎德 (Emile Zuckerkandl) 和化学家莱纳斯·鲍林提出用不同原核生物的基因序列来研究它们之间的关系，这种系统发育方法是目前使用的主要方法。1977 年，卡尔·沃斯 (Carl Woese) 和乔治·福克斯（George Fox）根据 rRNA 基因首次将古菌与细菌分开。他们首次提出了古菌是一个独立的"世系"的证据：①细胞壁缺乏肽聚糖；②拥有两种不同寻常的辅酶；③ 16S 核糖体 RNA 基因测序结果。为了强调这种差异，沃斯等提出将生物体重新划分为 3 个自然领域——真核生物、细菌和古菌。最初，第一类被发现的古菌是产甲烷菌，当时科学家认为这些古菌的新陈代谢"暴露"了地球的原始大气和生物体的痕迹。随着新的栖息地的研究，发现了更多古菌，包括极端嗜盐和超嗜热微生物，以至于在很长一段时间内，古菌被视为极端微生物，只存在于高温温泉、盐湖等极端生境中。但到了 20 世纪末，在非极端环境中也发现了古菌。如今，古菌被认为是一个庞大而多样的生物群体，在自然界中广泛分布。

2018 年 1 月 30 日，科研工作者在中科院南海海洋所"实验 3"号科考船上进行海水和沉积物样品的相关实验。

在执行中巴首次北印度洋联合考察任务的中科院南海海洋研究所的"实验 3"号科考船上，中国考察队员希望能从莫克兰海沟采集到的孔隙水和沉积物样品中寻找到古菌群落，进行深入分析和研究。

古菌与细菌、真核生物有很多相似之处。古菌是一群具有独特的细胞结构和遗传信息处理系统的单细胞原核生物，其细胞形态等方面与细菌类似，而其在基因组复制、转录与翻译等遗传信息传递系统方面却更接近真核生物。从细胞结构上来看，古菌与细菌都不具有完整的细胞核和细胞器。与细菌不同的是，古菌具有特殊成分的细胞壁和细胞膜，古菌细胞壁中含有独特的假肽聚糖，细胞膜中含有独特的醚键及分枝脂链，这些特殊的细胞结构可以帮助它们抵抗来自极端环境的压力。因为细胞结构的不同，所以细菌与古菌对不同抗生素的抗性也不同，古菌对抑制细菌生长的抗生素（如青霉素）一般不敏感，却对抑制真核细胞生长的某些抗生素（如茴香霉素）敏感。

古菌在生物技术的开发应用方面具有巨大的潜力。聚合酶链式反应中的耐热 DNA 聚合酶 Pfu 酶就来源于嗜热古菌；产甲烷菌在厌氧条件下可产生清洁的可再生能源甲烷（即天然气）；嗜盐古菌细胞膜上的紫膜蛋白具有独特的光化学特性，可作为优良的生物纳米材料，用于光信息处理和光电响应元件等，某些嗜盐古菌还可用于降解塑料；极端古菌所产生的极端酶则是开发工业酶制剂的宝库。优越的材料学性能、较低的生产成本使得古菌在医用材料领域有很大应用前景。同时，古菌在全球生物地球化学循环过程中也起着重要的作用，如厌氧甲烷氧化古菌对于控制温室气体排放和碳循环具有巨大的影响，氨氧化古菌则在全球氮循环中发挥着重要作用。人类对古菌的认识才刚刚起步，其应用前景不可估量。

三、真核细胞的结构与功能

真核细胞与原核细胞最主要的差别在于真核细胞有完整的细胞核，以及细胞质进一步分化形成更复杂、具有特定结构与功能的细胞器。以下介绍动物、植物细胞的典型结构及功能。

（一）动物细胞的结构与功能

虽然动物中有自然界中最大的细胞（鸵鸟卵），最长的细胞（带有轴突的神经元可长达 1 米），可游走的细胞如白细胞、吞噬细胞，以及会迅速游动的精子（细胞），可是它们都具有共同的基本结构特征——完整的细胞核、多种独特功能的细胞器，其细胞膜也属于典型的磷脂双分子层结构。

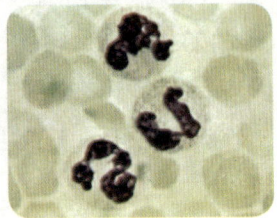

白细胞

尽管真核细胞的细胞膜并不比原核细胞的细胞膜复杂得太多，但是真核细胞的细胞质及其所含的细胞器的复杂程度则是原核细胞所不能比的。动物细胞的细胞质中有线粒体，这是细胞的呼吸器与能量供应中心；高尔基体是细胞的蛋白质"加工厂"及"运输公司"，主要功能是将内质网合成的蛋白质和脂质进行加工、组装成分泌颗粒排出细胞外；内质网是细胞内蛋白质、脂质的合成基地，几乎全部的脂类和多种重要的蛋白质都在内质网合成；溶酶体是细胞的"消化器官"，能消化进入细胞的外来物质，也处理自身产生的"废物"，并且将某些成分重新利用。除了细胞器外，动物细胞还有复杂的骨架系统，它与细胞形态的维持、细胞内物质的运输及细胞运动等功能有关。

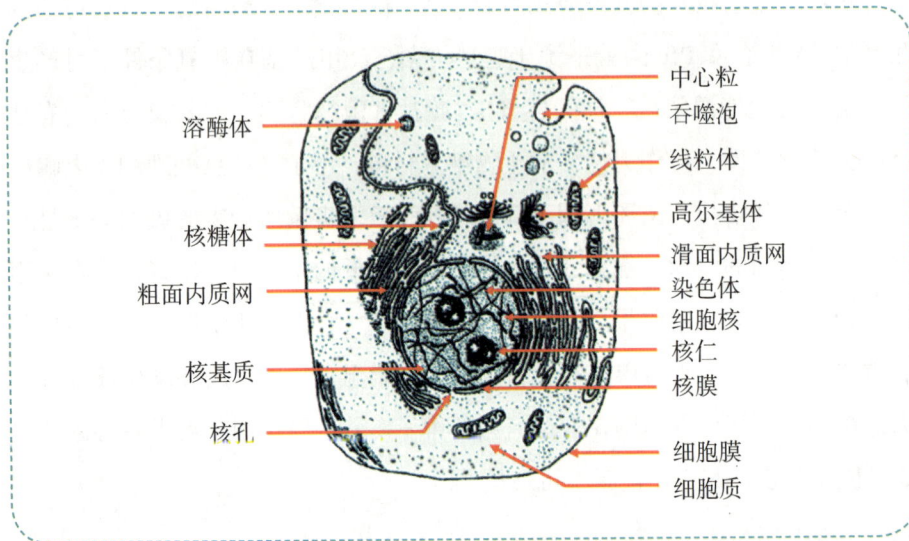

动物细胞模式图

真核细胞的细胞核远比原核细胞的细胞核要复杂得多。真核细胞有完整的核膜，它将核质包围起来形成一个完整的实体，其中贮存着遗传信息，进行 DNA 复制、RNA 转录，并指导细胞质中蛋白质的生物合成，从而在很大程度上控制着细胞的代谢、生长、分化和增殖等活动。细胞核的核膜上间隔

内质网

1945 年美国学者 K.R. 波特等应用电镜在小鼠成纤维细胞中观察到一些相当于动质的由小管和小泡样构造的网状结构。这些结构一般位于细胞核附近的细胞质的内部区域，故称为内质网。40 年代中期到 60 年代初，对内质网的研究主要集中在形态结构上。从 60 年代中期开始，特别是 70 年代以来，不仅在结构上，还是在功能上进行了大量深入的研究。研究结果表明，内质网不仅在蛋白质和脂类的合成等上起重要作用，而且也是细胞内其他膜性细胞器，如高尔基体和溶酶体等的来源，是细胞内的主要细胞器之一。

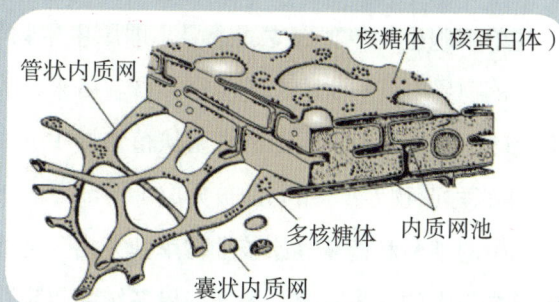

粗面内质网池和管状结构相互交织情况的立体示意图

内质网分为粗面内质网和滑面内质网两种类型。粗面内质网的膜表面附着许多颗粒状核糖体，由于表面粗糙而得名。核糖体由大、小两个亚单位构成，组成成分为 rRNA 和蛋白质，是合成蛋白质的场所。分泌蛋白旺盛的细胞，如胰腺细胞和浆细胞粗面内质网很丰富。滑面内质网的特征是膜表面不附着核糖体。滑面内质网的结构与粗面内质网不同，很少有扁囊，常由分支小管或圆形小泡构成。与脂蛋白生成有关的滑面内质网为肝细胞中的主要细胞器。

存在着核孔。核膜及核孔控制着细胞核与细胞质之间的物质交换、遗传信息的转录和传递。核内除了充盈的核基质外还有染色体。增殖细胞在进入有丝分裂期前进行 DNA 复制，由二倍体变为四倍体的染色体；在有丝分裂期，母细胞经染色体分离和胞质分裂，将染色体平均分配、传递给子细胞。不难想象，染色体数目或结构异常，即染色体畸变，都是可以随着细胞分裂传递给子细胞的。此外，当真核细胞处于不分裂时期，核内还有一个重要的结构，这就是核仁，它是 RNA 合成、加工以及核糖体亚单位装配的场所。一般情况下正常细胞核仁较小，只有一个，偶有两个；而肿瘤细胞的核仁往往较大，数目也多。

（二）植物细胞的结构与功能

由于人对植物的认识是随着生产活动和科学技术的不断发展而逐步深入的，所以对植物的范畴及其主要特征的认识也在不断地变化。早在 1735 年，瑞典生物学家将地球上的生物划分为两个界，即固着不动的植物和能运动的动物。前者包括藻类植物、苔藓植物、蕨类植物、裸子植物和被子植物，而且还将不含叶绿素不能进行光合作用的细菌和真菌包括在植物界中，因为它们都和上述绿色植物一样具有细胞壁，真菌大多数也是固着不动的。后来发现有些生物兼有植物和动物的双重特性，如裸藻、甲藻、黏菌等，因此主张将这些单细胞生物单独成立一个界，即原生生物界，如黎德尔的三界系统，这样在植物界中就减少了上述生物类群。后来，美国生物学家惠特克又提出将不含叶绿素、营异养生活的真菌从植物界中分离出来，另成立一个真菌界（有人主张称菌物界）。生物即被分成了四个界。1969 年，惠特克又进一步提出将原始的细菌和蓝藻等原核生物单独分出，另立一个原核生物界。这就是目前影响最大的五界系统。根据五界系统的界定，植物的含义就是：含有叶绿素，能够进行光合作用的多细胞的真核生物；包括的植物类群为多细胞的绿藻、褐藻、红藻、苔藓植物、蕨类植物、裸子植物和被子植物。但有不少学者对五界系统中的原生生物界持有异议，认为所包括的生物类群太杂、差异也大，给生物的系统研究造成很多不便。因此，仍然需要进一步探讨更为科学合理的生物分界系统。

　　植物细胞与动物细胞在结构上十分相似，但为适应环境及功能的需要，植物细胞有其特殊的结构。植物细胞有一层厚厚的细胞壁，主要起保护作

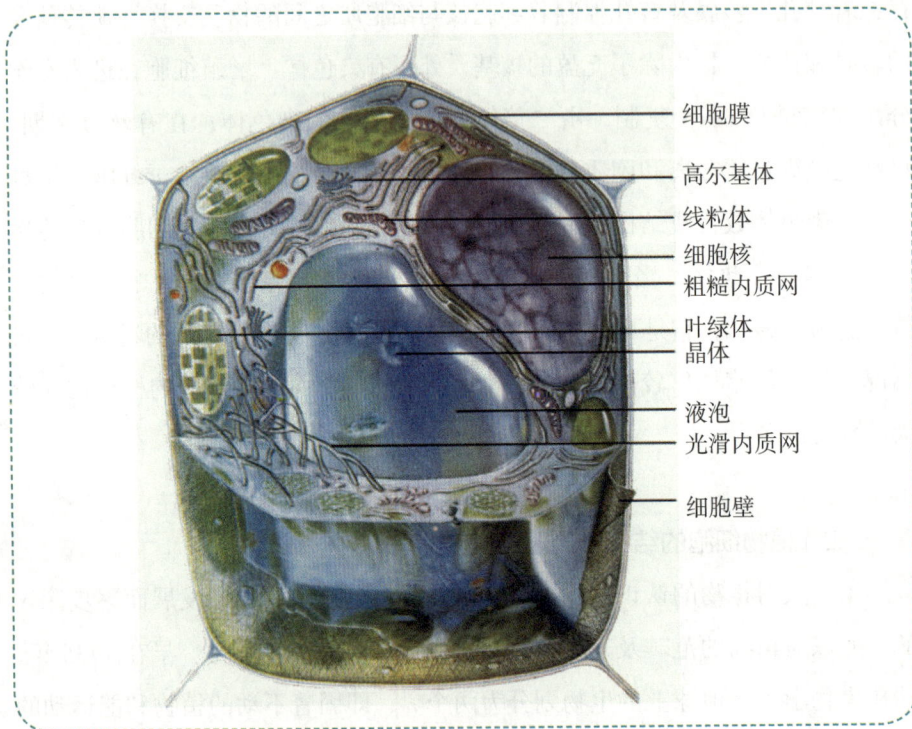

細胞膜
高尔基体
线粒体
细胞核
粗糙内质网
叶绿体
晶体
液泡
光滑内质网
细胞壁

植物细胞模式图

细胞中信息的传递

活细胞在不断地合成各种蛋白质，包括结构蛋白、调节代谢过程的蛋白、催化化学反应的酶蛋白，以及许多其他种类的蛋白质。指令各种蛋白质合成的信息都来自细胞的遗传物质——DNA。信息的传递是有方向性的，即由 DNA 通过转录产生信使核糖核酸 (mRNA)，mRNA 再经由核糖体来指导特异蛋白质的合成。虽然借助逆转录酶的作用也可以 RNA 为模板合成 DNA，但是以 DNA 为模板的信息传递，在一切细胞中仍然是基本的法则。

每个细胞在一定发育阶段，或一定生理状态下，只有部分遗传信息（基因）表达。在不同类型细胞中表达的基因不完全相同，这是多细胞有机体细胞特化的基础。

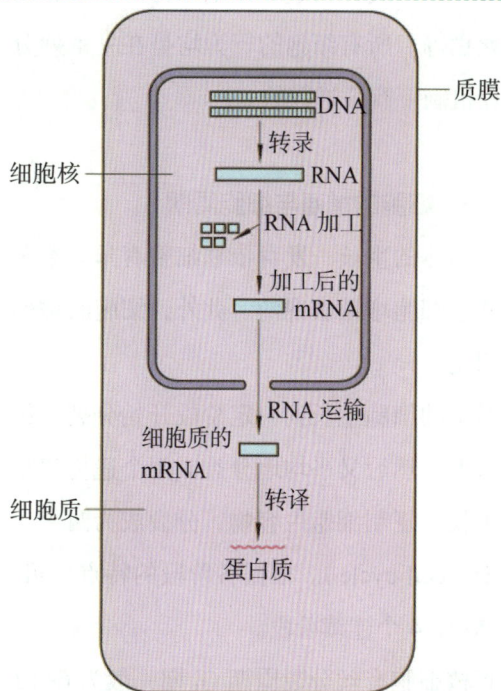

真核细胞中 DNA 信息流的示意图

用。植物细胞的主要成分是纤维素、半纤维素、木质素、果胶质等，为我们人类提供取之不尽的天然聚合物。此外，植物细胞还有两种特化的细胞器——液泡、叶绿体。前者可以认为是细胞的代谢库，起着调节细胞环境的作用；后者是植物细胞进行光合作用的场所，叶绿体能将光能转变成化学能，并利用 CO_2 与水合成糖，因此是天然的"生物工厂"。

与动物细胞不同，几乎所有的植物细胞都具有"全能性"。所谓全能性就是在适当的条件下，单个离体的植物细胞可以增殖、发育，并成长为一个完整的植株。正是植物细胞的这种本领，人们可在实验室里建立起"植物工厂"，在最短的时间里，用极为简化的方法，创造出数目繁多的新品种，为人类带来无限的福祉。如今以植物细胞"全能性"为理论基础之一的植物细胞工程正成为一种新兴的应用技术，在良种培育、天然食品生产、环境保护及美化等方面将有更加广阔的应用前景。

四、细胞的行为

细胞具有像个体一样的生长、增殖、发育、衰老等的生命历程。细胞在外界信号和自身基因表达的影响下，在特定的时间、空间展现对环境的适应过程，这些过程构成了细胞的行为。细胞的行为包括细胞增殖、分化、衰老、死亡等。所有细胞的行为均是在一系列分子（包括蛋白质和核酸）参与的调控机制下有序进行的。

（一）细胞的增殖与细胞周期

生物体的生长、发育依靠细胞有丝分裂和分化。其中，细胞数量的增加都是通过细胞增殖实现的。此外，细胞的增殖还与机体创伤修复、肿瘤发生密切相关。

增殖的细胞生长到一定阶段开始分裂，细胞分裂后产生的子代细胞又生长、增大，然后又平均地分裂成两个遗传表型相同的子代细胞。细胞周而复始地生长、复制细胞内容物，分裂成为两个（子代）细胞的循环过程称为细胞周期（cell cycle）。根据各阶段的特点，可人为地将细胞周期分为 G_1、S、G_2 和 M 期 4 个连续阶段。

真核细胞有丝分裂周期 G_1 期一般为 6~12 小时，是指从细胞有丝分裂完

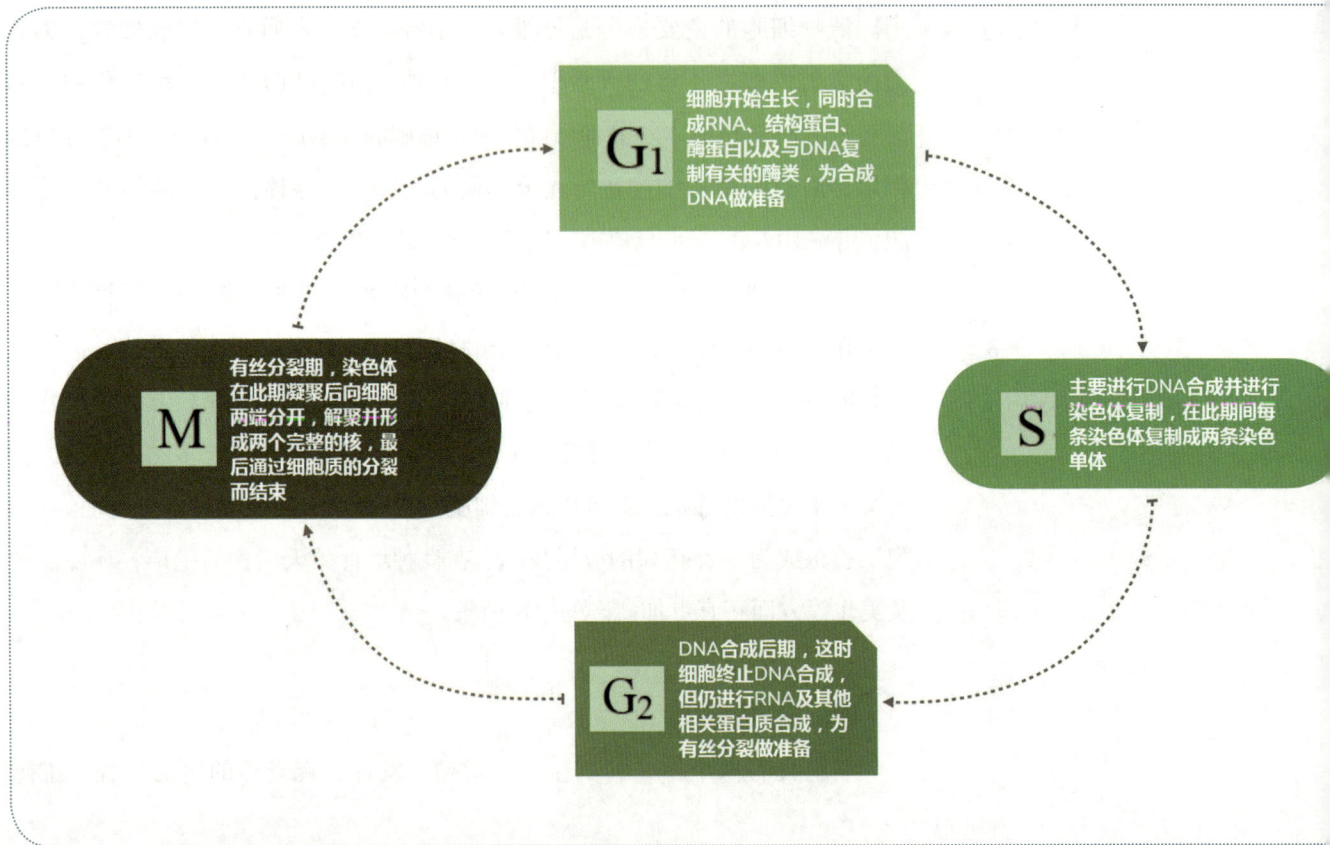

G_1 细胞开始生长，同时合成RNA、结构蛋白、酶蛋白以及与DNA复制有关的酶类，为合成DNA做准备

S 主要进行DNA合成并进行染色体复制，在此期间每条染色体复制成两条染色单体

G_2 DNA合成后期，这时细胞终止DNA合成，但仍进行RNA及其他相关蛋白质合成，为有丝分裂做准备

M 有丝分裂期，染色体在此期凝聚后向细胞两端分开，解聚并形成两个完整的核，最后通过细胞质的分裂而结束

成到 DNA 复制之间的间隙阶段，又称为复制前期或 DNA 合成前期，不同细胞这一时期的差别较大，G_1 期细胞开始生长，同时合成 RNA、结构蛋白、酶蛋白以及与 DNA 复制有关的酶类，为合成 DNA 做准备。S 期是 DNA 合成期，哺乳动物细胞的 S 期一般为 6~8 小时，其间主要进行 DNA 合成并进行染色体复制，在此期间每条染色体复制成两条染色单体。G_2 期为 DNA 合成后期，这时细胞终止 DNA 合成，但仍进行 RNA 及其他相关蛋白质合成，为有丝分裂做准备。M 期为有丝分裂期，染色体在此期凝聚后向细胞两端分开，解聚并形成两个完整的核，最后通过细胞质的分裂而结束 M 期，根据染色体的变化，M 期还可分为前、中、后、末 4 个时期。

G_0 期是细胞休止期，是停止分裂状态的时期，不属于细胞周期的任何时期。G_0 期细胞的细胞质中存在着控制细胞周期启动的 M 期促成熟促进因子（MPF）。MPF 可诱导 G_0 细胞进入 G_1 期。因此，G_0 细胞在生长、发育的组织中是具有分裂潜能的细胞，为待分化的细胞；在衰老组织中则是一种衰老细胞，永久处于休止期。

真核细胞周期有序地运行是在细胞周期控制系统的调控下进行的。该系统由很多调节蛋白组成。这个控制系统的核心除了 MRF 控制启动，不同时期还有特异的细胞周期蛋白（cyclin）、细胞周期蛋白激酶（CDK）、激酶抑制剂（CKI）等，通过它们之间复杂的相互作用、化学修饰等，组成细胞周期的动力马达或制动机制，实时监控、调节细胞周期。参与周期调控的这些蛋白质受基因表达的控制，这是分子细胞生物学、放射生物学、分子肿瘤学中的一个专门领域。

（二）细胞周期与癌

细胞周期控制系统受细胞内、外环境的影响，最终通过改变周期调控蛋白的基因表达，影响细胞周期。参与周期调控的蛋白质分为两类：一类促进细胞周期进程，促进细胞增殖；另一类相反，抑制细胞增殖。因为科学家们最初发现这些调控蛋白与肿瘤发生相关，所以分别将这两类蛋白质的编码基因称为原癌基因和抑癌基因。正常情况下，原癌基因表达产物水平很低，倘若这些基因由于突变等原因而过度表达，会使细胞增殖失控，形成肿瘤；突变以前，细胞执行正常的增殖调节功能。抑癌基因的缺失或失活也可能会导致细胞增殖失控而癌变。最著名的抑癌基因是 TP53 基因和 Rb 基因。TP53 基因位于 17 号染色体，编码 1 个含有 393 个氨基酸残基的蛋白质，分子量为 53×10^3 道尔顿，故称 p53。p53 定位细胞核，可通过其转录因子作用和蛋白质间相互作用发挥肿瘤抑制因子的作用，如 p53 刺激 p21 表达，抑制细胞周期进程，还可启动 p53 依赖的机制，诱导程序性细胞死亡。目前已证明人的 50% 以上的癌症发生与 TP53 基因突变或丢失有关。与 TP53 相似的另一个抑癌基因是 Rb 基因，它的丢失或失活可导致儿童发生视网膜母细胞瘤。

（三）细胞死亡

在个体发育的早期阶段，细胞增殖与细胞死亡的平衡维持组织细胞的正常发育。个体成熟后，组织细胞也在不断更新中，依然依赖细胞增殖与死亡的动态平衡。当生命体遭遇感染或外来损伤时，组织细胞死亡则是组织新生、恢复创伤所必需的前提，具有保护机体的功能。细胞死亡有多种形式，现将主要类别简述如下。

1. 细胞凋亡及其意义　早在 19 世纪中后叶（1842~1885）科学家们就发现了细胞凋亡（apoptosis），但直到 20 世纪 60~70 年代才被约翰·科尔（John Kerr）、阿雷斯泰尔·科里（Alastair Currie）、安德鲁·威利（Andrew Wyllie）等人重新提起，科尔根据古希腊文 ἀπόπτωσις（译为"衰落、凋零"）将这种死亡称为凋亡。凋亡是指在细胞内发生的一种程序性死亡，即由细胞启动"自杀"程序引起的一种细胞死亡形式。实际上，细胞死亡有多种形式，如自噬、无坏死性或非典型性坏死、细胞焦亡等，但凋亡是比较普遍和重要的形式。典型的细胞凋亡特征为细胞皱缩而产生的胞质和核的浓缩，染色质沿着核周缘凝集，继而染色质降解，呈 80~200 bp 及其倍数的特征梯度，并形成膜包围的断裂片段凋亡小体。凋亡的细胞可迅速被其邻近的细胞或巨噬细胞识别、吞噬及消化，不会产生炎性病理反应。很多生理、病理或药物干预／治疗刺激可诱导细胞凋亡。细胞凋亡机制复杂、多样。根据凋亡发生所涉及的信号分子级联反应或机制，分为线粒体途径和非线粒体途径的细胞凋亡。

细胞凋亡有重要的生理学意义。例如，在发育过程中虽然以细胞增殖为主，但细胞凋亡必不可少。在胚胎早期，肢体的形态只是像"鼓锤"那样，还没有手指或脚趾，只有待指（趾）间膜的细胞凋亡与消失，才能发育成正常分离的指（趾），不然的话，

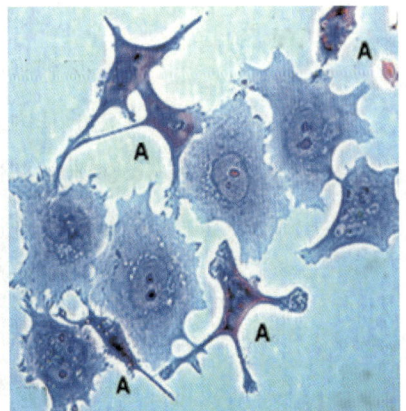

细胞凋亡（如 A 所示）

我们的手掌与脚掌会如同鸭蹼那样。又如，在青蛙的成长过程中，蝌蚪变态阶段的尾巴也必须经细胞凋亡而退化。同样，细胞凋亡也见于成年个体各组织的更新过程中，在机体内部，衰老、过剩、已完成功能等的细胞，一般皆通过细胞凋亡被清除。因此，不难想象细胞凋亡是机体自我保护机制，是长期遗传、进化的结果，是生物的正常发生、发育以及世代延续的重要保障。细胞凋亡之所以引起人们重视，还因为它与肿瘤的发生有关。目前认为，肿瘤的发生发展不仅是细胞增殖失控的结果，也可能是由于细胞凋亡受阻引起的。细胞增殖与凋亡失去了平衡，细胞生长过快，导致赘生物的形成。

2. 细胞坏死和非典型性坏死　经典的病理学教材会对细胞坏死（necrosis）进行这样的描述：细胞坏死是由于致病因子，如局部缺血，或物理、化学和生物因子的作用而产生的急性损伤，此时细胞膜通透性增高，细胞肿胀，内质网与线粒体膨胀破裂，酶被释放，细胞溶解，胞质内容物逸出，周围淋巴细胞浸润，导致炎症反应。长期以来，人们将坏死与炎症紧密联系在一起，被认为是细胞不得已而为之的被动行为，是不受细胞内的基因控制的。

然而，现在的研究表明，即使是坏死也有可能受基因表达的调控。1988年，科学家发现在用一类凋亡诱导因子——肿瘤坏死因子（TNF）诱导细胞死亡时，在不同的细胞中可诱导不同类型的细胞死亡，其中一种不受胱天蛋白酶控制，而且具有一定的细胞坏死样形态学特征。2005 年的一项研究发现，在细胞缺乏胱天蛋白酶的情况下，可产生一种新的细胞死亡方式，这种细胞死亡具有坏死细胞的形态特征和与凋亡细胞相类似的信号机制，被命名为程序性坏死或非典型性坏死。它参与机体的多种病理过程，如细菌、病毒感染，动脉粥样硬化等无菌损伤导致的炎性病变。它还被认为可能是抵御肿瘤形成的屏障。

3. 细胞焦亡　细胞焦亡（pyroptosis）是一种程序性细胞死亡的高度炎性表现形式，经常发生于细胞内病原菌感染，是抗菌反应的一部分。在该反应过程中，免疫细胞（如巨噬细胞）识别进入的外源危险信号，释放原炎细胞因子，细胞肿胀、溃裂、死亡。不同的致病因子感染不同的免疫细胞，如伤寒沙门氏杆菌感染巨噬细胞，艾滋病毒感染 T 辅助细胞等。因此，激活焦亡的分子机制也各不相同。例如，伤寒沙门氏杆菌感染引起巨噬细胞焦亡依赖胱天蛋白酶 -1，嗜肺军团菌激活巨噬细胞焦亡需要胱天蛋白酶 -11 参与。2015 年，我国科学家发现一类特异蛋白 Gsdmd 蛋白介导小鼠骨髓内巨噬细胞的焦亡。

细胞焦亡广泛存在于单核、巨噬细胞以及树突状细胞等各类专司吞噬功能的细胞内。诱导其发生的因素不仅局限于细菌感染，其他损伤，如缺血坏死等过程产生的非生物性刺激源也可诱导细胞焦亡。关于细胞焦亡的研究目前在动脉粥样硬化、脑卒中、肌萎缩侧索硬化、骨髓异常增生综合征、肝炎、炎性肠病、代谢综合征及艾滋病等多个领域展开，成为近年来国际炎症领域的研究热点。

（四）细胞分化

生物体从一个受精卵发育成一个正常的个体，不仅要经历细胞的增殖，还要经历细胞的分化过程。细胞增殖和分化是多细胞生物发育过程中的两个基本过程。细胞分化是指细胞从一种类型转变为另一种类型的过程，最常见的情况是转化为一类具有特殊功能的细胞，即细胞功能的特化（specification）。在特化的组织细胞中，除了某些细胞类型如红细胞外，其他绝大多数组织细胞的基因组和最开始的受精卵是一模一样的，不同的是在经过细胞分化后基因的表达模式（即基因表达谱）不同。

在生命的最初阶段，精子和卵子融合，形成一个可形成整个有机体的单细胞——受精卵，此时，发育正式开始。在受精后的最初几个小时，受精卵分裂成相同的细胞。经过几个细胞分裂周期，这些细胞开始分化，形成一个空心的囊胚。在这个空心球里面，有一群细胞叫做内细胞团（ICM）。组成ICM 的细胞是具有全能性的胚胎干细胞，可以分化、形成个体的所有组织。在胚胎发生的过程中，细胞形成了内胚层、中胚层和外胚层，每一层最终都会产生胎儿的分化细胞、组织及器官。当 3 个胚层形成后，各胚层中的干细胞演变为具有定向分化潜能的前体细胞，其定向分化潜能仅限于所在的胚层。此后，具有定向分化潜能的前体细胞在特定的时间出现在早期胚体特定的空间，通过增殖、定向分化及发育，形成特异的组织和器官。

五、细胞的黑暗与光明

（一）误入歧途的细胞——癌瘤

一般的肿瘤（tumor），或称良性肿瘤，并不那么可怕。然而，一说到癌，人们便会有"谈癌色变"。癌（cancer）指任何恶性肿瘤，癌症则指包括人类在内的多细胞生命体罹患的一种以正常细胞发生恶性"转化"为特征，导致细胞异常、失控性生长，并在体内呈局部侵袭和/或全身转移的一种恶性疾病。

一个好端端的正常细胞为什么会"转化"成一个威胁机体生存的癌细胞呢？目前已知物理（如紫外线、粒子辐射等）、化学（如致突、致癌化学制剂）或生物学（如病毒感染）诸多因素均可引起正常细胞（特别是细胞核）发生形态学等的特别变化，更常见的是丢失了正常细胞的"增殖性接触抑制"（contact inhibition of proliferation）。

"外因是变化的条件，内因是变化的依据。"原本细胞的性质和功能，更形象地说，细胞是否"本分"或"善良"，主要与细胞核内的遗传物质——染色体上的基因有关。正是这些基因赋予细胞的各种功能使人种之间、个体之间的特征千差万别。著名的病毒学家、人类基因组计划（HGP）的倡议人、诺贝尔奖获得者罗纳托·杜尔贝科（Renato Dulbecco）曾指出"人类的DNA序列是人类的真谛，在这个世界上发生的一切事件都与这一序列息息相关，包括癌症在内的人类疾病的发生都与基因直接或间接有关……"目前已知，至少有300个基因因其结构等的改变，导致癌症发生。

癌细胞与正常细胞有什么不同的特征呢？首先，就一般规律而言，癌细胞体积增大，但也有少数例外，如小细胞型未分化癌。就整个癌瘤来说，其

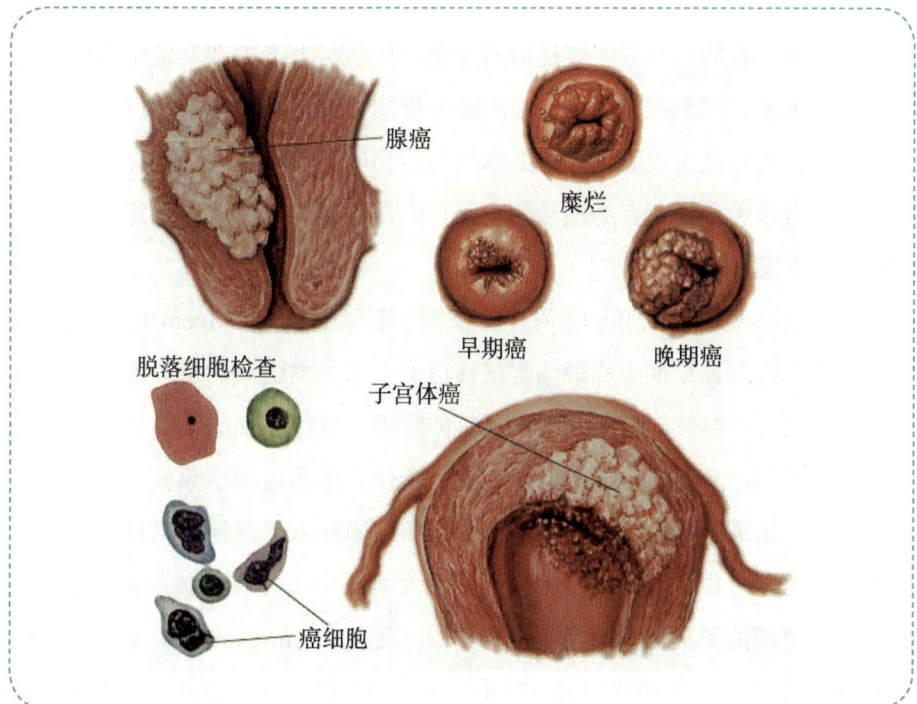

腺癌
糜烂
脱落细胞检查
早期癌
晚期癌
子宫体癌
癌细胞

子宫颈癌示意图

组成细胞形态各异，病理学称此为细胞"多形性"，它们多数失去了来源细胞的形态，呈不规则形，而且还可能奇形怪状；癌细胞排列紊乱，也不同于原来的组织。癌细胞最显著的改变发生在细胞核，它比正常细胞核大得多，细胞质很少，因此细胞核与细胞质的比例也变大，有些癌细胞几乎全被细胞核占据；核的形态也不规则，产生所谓异形核、甚至多核的细胞。正常细胞核内通常只有一个或两个核仁，而癌细胞则有多个核仁。在经过特殊染色的细胞涂片或病理切片上，可以观察到癌细胞的分裂相比较多，而且越是恶性细胞，分裂相越多。待细胞发展到极度恶性时，它们还获得了转移能力，即癌细胞可以从原发部位（原发灶）脱离出来，随血液或淋巴液到达机体的其他部位，并在那里停驻下来繁殖增生，形成第二个肿瘤（继发灶）。

科学家们为了辨别一个细胞是否是恶性的，想出了许多办法，其中最常用的是将细胞以一定的浓度制成细胞悬液，然后注射到一种天然缺乏免疫力的无胸腺小鼠（科学家常称为裸鼠）皮下，看看是否有肿瘤形成，若有肿瘤形成，则表明所接种的细胞是恶性的。

（二）寻找来时的路——克隆与可诱导多能干细胞

细胞分化的过程告诉我们，胚胎干细胞含有我们生长发育的全部遗传信息，能分化成机体的全部种类的细胞。在此过程中，没有遗传物质——DNA序列的改变，有的只是基因表达谱的变化。从胚胎干细胞到具备定向分化潜能的前体细胞，再到成体细胞，细胞的分化能力逐渐降低。长久以来，人们一直好奇，既然从干细胞到成体细胞的遗传物质没有发生改变，那么成体细胞必然含有该类生物所有的遗传信息，它们是否还能像胚胎干细胞那样，在特定环境下发育成个体呢？

1938 年，德国著名胚胎发育学家汉斯·斯佩曼（Hans Spemann）和他的学生发现，将发育早期的蝾螈细胞核移植到去除了细胞核的发育晚期的胚胎细胞中，其可以继续发育成为一个完整的蝾螈。既然单独的细胞核移植就可以让一个细胞增殖、分化成为一个完整的个体，那么这种现象就不会仅仅局限于胚胎。体细胞（相对生殖细胞精子和卵细胞而言，其他的机体细胞为体细胞）是否也可以用类似的技术重新获得发育成一个完整个体的潜在能力？实现这个突破的是英国发育生物学家约翰·戈登（John Gurdon）。他在 20 世纪 60 年代做了一个划时代实验：将美洲爪蟾的小肠上皮细胞核注入去核的卵

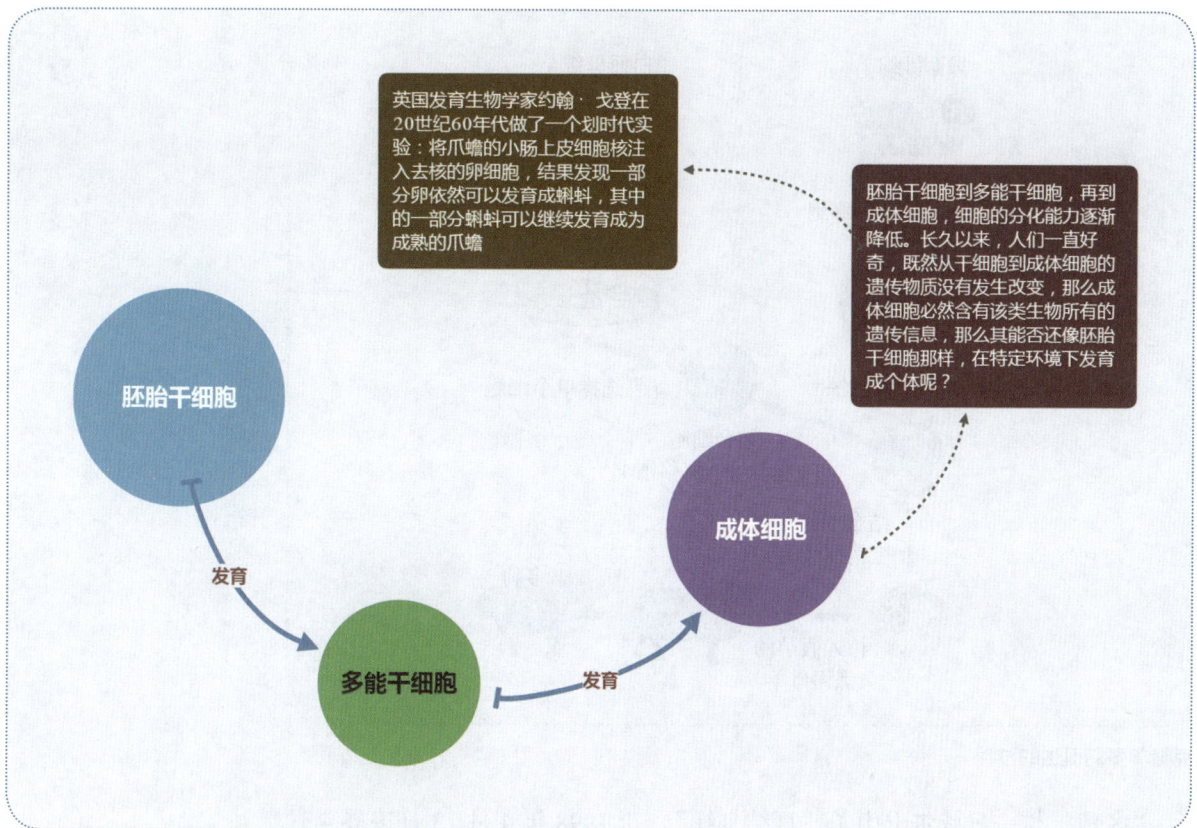

英国发育生物学家约翰·戈登在20世纪60年代做了一个划时代实验：将爪蟾的小肠上皮细胞核注入去核的卵细胞，结果发现一部分卵依然可以发育成蝌蚪，其中的一部分蝌蚪可以继续发育成为成熟的爪蟾

胚胎干细胞到多能干细胞，再到成体细胞，细胞的分化能力逐渐降低。长久以来，人们一直好奇，既然从干细胞到成体细胞的遗传物质没有发生改变，那么成体细胞必然含有该类生物所有的遗传信息，那么其能否还像胚胎干细胞那样，在特定环境下发育成个体呢？

胚胎干细胞

多能干细胞

成体细胞

发育

发育

细胞，结果发现一部分卵依然可以发育成蝌蚪，其中的一部分蝌蚪可以继续发育成为成熟的爪蟾。戈登的实验基本确立了已经分化的细胞核可以正常发育的事实。我国著名的胚胎学家童第周先生等人在鱼类细胞核移植方面做了许多工作，在1976年前后获得了鲤（鱼）、鲫（鱼）移核鱼，为核移植创造新的生命体开辟了一片新天地。

哺乳动物的受精卵极小，体外培养和细胞核移植技术难度大，1981年，彼得·霍皮（Peter Hoppe）等人移植小鼠卵细胞核的研究取得成功。1983年，詹姆斯·麦克格拉斯（James McGrath）和戴沃·绍特尔（Davor Solter）采用核移植结合细胞融合技术，将移核卵培养到胚泡期，再经胚胎移植，获得了核移植小鼠。最大的轰动出现在1996年，英国爱丁堡罗斯林研究所的胚胎学家伊恩·维尔穆特（Ian Wilmut）与同事通过成体细胞核移植，成功克隆了绵羊"多莉"。研究将6岁芬兰多塞特白面母绵羊的乳腺细胞核植入一头苏格兰黑面母绵羊去除了细胞核的卵细胞，然后将融合细胞植入到另一只苏格兰黑面母绵羊的子宫内，最后形成一只没有父亲的白面小绵羊"多莉"。两年

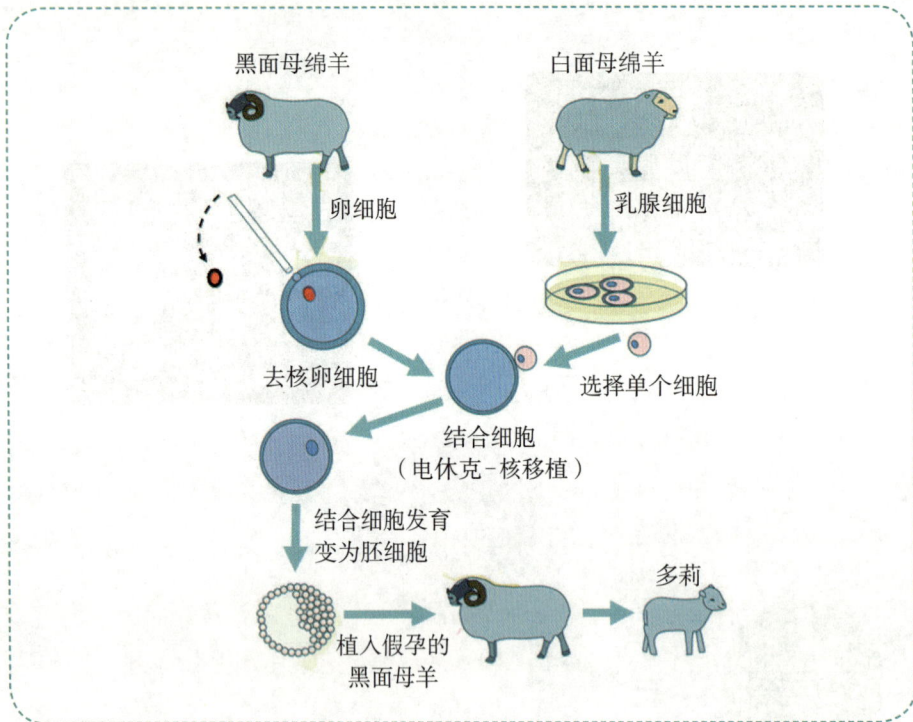

克隆羊多莉诞生的过程

后，"多莉"与一只威尔士山羊"喜结良缘"，于 1998 年 4 月 13 日凌晨 4 时生下一只雌性小羊羔"邦妮"。1999 年，多莉已经成为 4 个羊宝宝的母亲了。很不幸，多莉在出生 6 年后因患多种老年性疾病而被实施安乐死，只活了普通羊寿命的一半。这提示成体细胞核具有发育为个体的能力，但是也暴露出一些问题，如由成体细胞核发育而来的动物是否有早衰的情况等。

此后，科学家们尝试对多种哺乳动物进行体细胞克隆。鉴于伦理学等问题，各国家严令禁止克隆人。

在干细胞分化过程中，一类转录因子（蛋白质）发挥了重要作用。在这些转录因子中，有的可以维持细胞处于不分化状态，有的则促进干细胞向特定的细胞类型分化。其中，有两种转录因子 Oct4、Sox2 对维持胚胎干细胞未分化状态非常重要，日本科学家山中伸弥将 Oct4、Sox2 与另外两种转录因子 c-Myc 和 Klf4 联合，将其在具有定向分化能力的成纤维细胞中强行表达，成功地将该成纤维细胞变成具有多潜能的干细胞，称为（人工）诱导多能干细胞（induced pluripotent stem cells，iPS）。iPS 能被诱导分化成其他组织细胞，这为再生医学治疗某些疾病提供了可能的细胞来源。山中伸弥与戈登因在细胞核重新编程研究领域的杰出贡献共享了 2012 年的诺贝尔生理学或医学奖。

03

生命与环境

生态学简史

一、生态学是研究生命系统与环境系统相互作用的科学

（一）生态学的定义

生态学（ecology）一词是德国生物学家厄恩斯特·海克尔（Ernst Haeckel）于 1869 年提出的。1866 年，德国生物学家、自然主义者、哲学家兼医师，也是达尔文进化论的支持者——厄恩斯特·海克尔基于古希腊哲学家希波克拉底和亚里士多德的自然史研究，创立了"生态学"一词，将其定义为"生态学是研究动物与有机、无机环境相互关系的科学"。随后，生态学出现了多种称谓及对研究目标、内容的描述，如有"动物的社会学与经济学""生物经济学""对自然的结构与功能的研究""对有机体分布与丰度的研究""关于有机体与环境之间关系的研究""研究生物的形态、生理和行为的适应性"等内容。上述不同的生态学概念描述不仅显示了不同阶段科学发展的时代色彩，也反映了学者们从不同视角强调的生态学领域的重点不尽相同。例如，1983 年，美国生物学家尤金·奥德姆（Eugene Odum）将生态学解释为"研究生态系统结构与功能的科学"；1985 年，美国动物生理学家、生态学家查理斯·克雷勃斯（Charles Krebs）对生态学定义是"研究、确定有机体分布与多重相互作用及原因的科学"；1990 年，美国国家科学研究委员会在《生物学中的机会》一书中解释生态学为"研究有机体之间（包括同种个体与异种个体）及其与环境之间的相互关系，有机体的种群与群落的组建，以及研究生态系统的一门学科"。尽管对生态学的概念描述或强调的重

点不同，但这些描述均包含几个共同因素：生命体或生命系统、环境因素、错综复杂的相互作用及可持续发展。

基于上述共识，目前普遍接受的定义或解释是："生态学是研究包括人类在内的生命系统与环境系统相互作用的规律的科学"，也可以描述为"研究生命机体之间，以及生命机体与环境之间的相互作用的科学"。生态学是生物学领域内的重要分支学科。

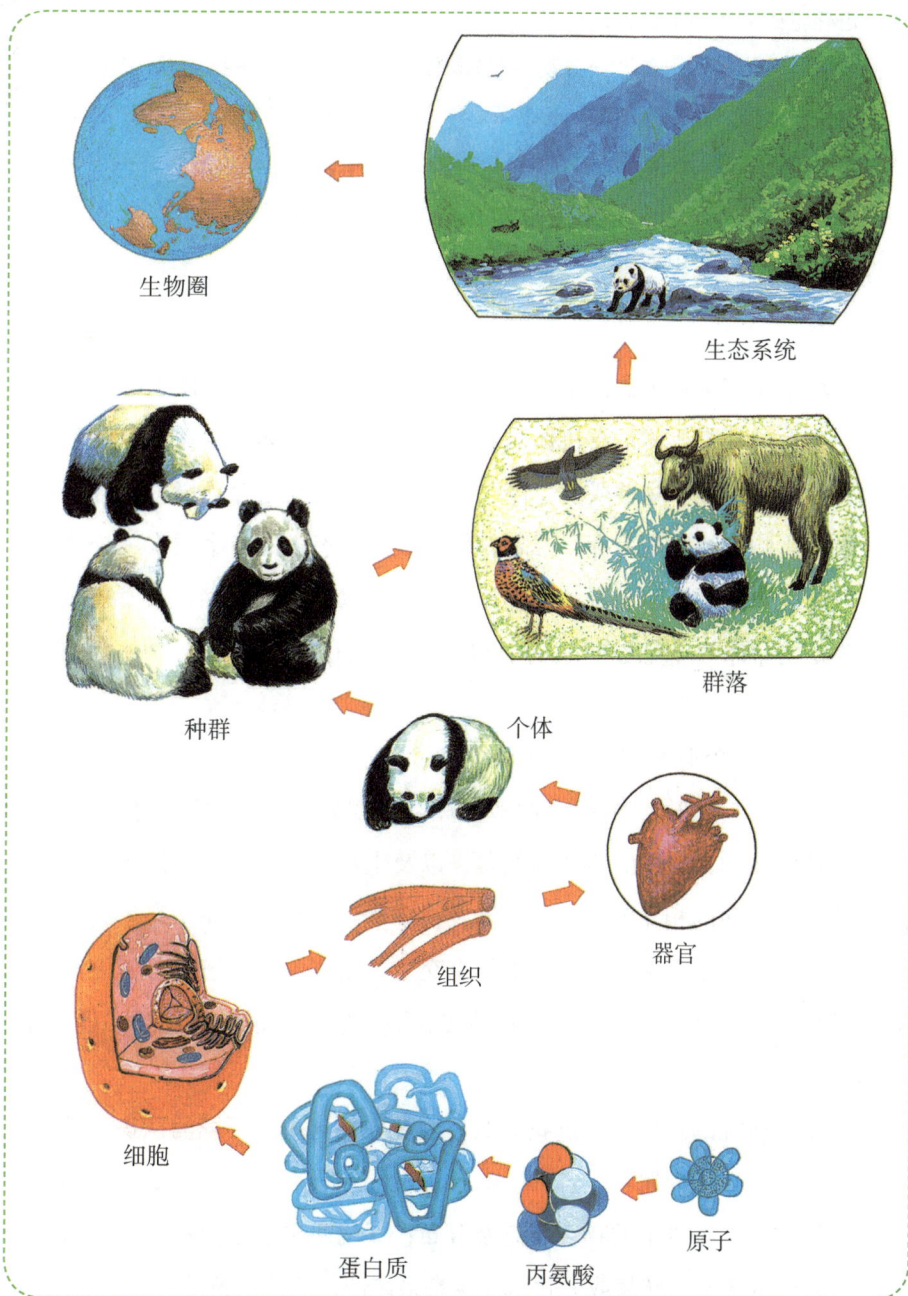

生物圈

生态系统

种群

群落

个体

组织

器官

细胞

蛋白质

丙氨酸

原子

生命的结构层次

厄恩斯特·海克尔

海克尔主要研究放射虫、海绵等低等海洋动物的系统分类，描述了近4000个新种。1862年出版的《放射虫目》专著，按照亲缘关系，建立自然分类系统，并努力寻找原始型，支持了达尔文的进化论。他先后出版了《自然创造史》《人类的发生或人的进化史》等著作，通俗地介绍了达尔文进化论。并根据形态学、胚胎学和古生物学的证据，提出了人类起源于动物的看法，认为这是进化论的中心问题。他的名著《宇宙之谜》，内容涉及生物学、心理学、宇宙学等，在当时是一本非常成功的畅销书。他试图通过《生物体普通形态学》（1866）一书引起整个生物学的改革。他在该书中提出了反映动、植物演化关系的系统树，以及生态学、生物地理学等名词及定义；同时还强调了："个体发育是系统发育的简短而迅速的重演"，而且是由"遗传（繁殖）和适应（营养）的生理功能所决定的"。1872年，他将其称为"生物发生律"，亦即重演律。

环境指所有影响生命体单位的物理环境（如温度、可利用水等）和生物环境（来自其他有机体对有机体的各种影响）的结合体。生命体单位可以是个体、家族、种群、物种或群落等。有机体可影响其生存环境，生存环境反过来也会影响有机体的生存，二者相辅相成。生态学的各个层次（个体、种群、群落、生态系统、景观和生物圈等）无论以何种形式存在或发展，都可以认为是生命体与环境之间的协同进化、适应生存的结果。

（二）生态学研究的内容和目标

生态学研究的内容包括生物多样性、生物分布、生物量、有机体的种群、物种内及物种之间的协调与竞争，以及生物体之间、生物体与无生命体的环境组分之间的相互关系。其中涉及很多概念和理论，如生态系统和生物多样性等。尽管生态学与环境科学等有交叉、重叠，但生态学并不能完全等同于环境科学、环境保护主义或自然史，因为它还与进化生物学、遗传学、行为学以及经济学等密切相关。

生态学研究的目标是促进我们对生物多样性与生态环境的认识，并致力于揭示、解释以下问题：①各种生命过程及相互联系与适应；②生命体和生物多样性在一定条件下的存在状态及分布；③物质和能量通过生命群落之间的联系发生的流动、转移或变化；④生态系统的连续或可持续发展。

二、生态学简史

（一）生态学经历 3 个发展阶段

除了古希腊哲学，达尔文的进化论和《物种起源》的问世（1859 年）对生态学的发生和发展也起到了巨大的推动作用。实际上，在海克尔创建生态学术语之前，就已经有很多有关生命体与环境相关的研究和著作问世，之后生态学发展迅速。根据不同阶段生态学研究工作和理论的特点，生态学可分为 3 个发展时期。

1. 18~20 世纪初　18~19 世纪末是生态学的建立阶段或"萌芽阶段"。这个阶段生态学发展的特点是，科学家分别从个体和群体两方面研究生命体与环境的相互关系。

例如，在 1735 年，一位法国昆虫学家发现，就一个物种而言，日平均气温总和对任何一个"生物气候学时期"（简称"物候期"，即动物、植物随季节变化开始出现某种生命活动现象的日期）都是一个常数。他的工作首次揭示了环境温度与昆虫发育生理的关系。

1855 年，瑞士植物学家阿方塞·坎多尔（Alphonse Candolle）将"积温"概念引入植物生态学，为现代积温理论奠定了基础。"积温"就是作物在生长发育时期内逐日气温的累积值，是通过专业的方法，计算作物在某一段时间内逐日平均温度累加之和，它表示了作物生长发育对热量的需求。

在种群生态学方面，数学生物学家于 1838 年发布了著名的逻辑方程（logistic equation）。丹麦植物学家尤金纽斯·瓦尔明（Eugenius Warming）在 1895 年出版了具有划时代意义的巨著《植物分布学》，标志着生态学作为生物学一个重要的分支学科出现了。

20 世纪的最初 30 年被某些学者称为生态学的"巩固阶段"，一些研究中心相继出现，并成立了英国生态学会（1913 年）和美国生态学会（1916 年），创办了生态学刊物，如《生态学杂志》（1913 年）和《生态学》（1920 年）。动物生态学者将数理统计学引入种群动态研究后，美国数学生态学家阿尔弗莱德·洛特卡（Alfred Lotka）和意大利数学家威特·沃尔泰拉（Vito Volterra）分别提出了种群增长的模型（后被称为洛特卡－沃尔泰拉模型）。1927 年，英国动物学家查理斯·埃尔顿（Charles Elton）在《动物生态学》一书中提出了食物链、数量金字塔、生态位等概念。植物生态学在植物群落生态学方面也有了很大发展。由于各地自然条件不同，植物区系和植被性质差别甚远，在研究模式、方法方面形成了几个中心或学派，如英美学派、法瑞学派、北欧学派和苏联学派。

2. 20世纪30~70年代　英国生态学家亚瑟·坦斯利（Arthur Tansley）于1935年提出了生态系统的概念，认为生物与环境两者是一个不可分割、相互关联和相互影响的整体。1942年，美国生态学家林德曼（Linderman）在赛达伯格湖进行生态系统研究，提出了生态系统生物按营养水平分级的方法，使能量金字塔、生物量、现存量等重要概念都得到新的发展。在这一时期，生态系统的理论更加完善、充实，生态系统研究成为生态学发展的主流。1964~1974年，国际上提出了"国际生物学计划"，重点研究世界各类生态系统的结构、功能和生物生产力，为自然资源管理和环境保护提供了科学的依据。

3. 20世纪70年代以后　第二次世界大战结束后，由于科学技术、生产力的发展，人类对生物圈的生物地球化学循环的干扰不断增加，人与环境之间的矛盾日益突出。这时人类已不该站在第三者的立场来研究生物与环境的相互关系，而应将自身置于生态系统之中，科学、全面地看待人在生态系统及整个生物圈中的地位和作用。

1970年，联合国教科文组织主持成立了"人与生物圈委员会"，它的主要任务和目标是研究在人类活动的影响下，地球上不同区域各类生态系统的结构、功能及其发展趋势，预报生物圈及资源的变化，以及这些变化对人类的影响。1972年6月，在瑞典首都斯德哥尔摩召开了有113个国家参加的首届联合国人类环境会议，通过了《联合国人类环境宣言》及保护全球环境的行动计划。会议提出"人类只有一个地球"，为了当代和将来的世世代代，保护和改善人类的环境已经成为人类的紧迫任务。联合国大会第27届会议决定成立联合国环境计划署。这些国际组织和规划对生态学发展具有重大指导作用，促使现代生态学将人与环境的相互关系研究放在首要地位。

（二）生态学有很多分支领域或亚学科

基于生态学定义及生态学涉及的包括人类在内的生命系统、环境系统的多样性、复杂性，研究的具体内容、目标、对象和方法学的不同，伴随生态学的发展，出现很多"普通生态学"或"大生态学"（general ecology）的不同层次和分支领域。例如，根据生命系统不同，有动物生态学、植物生态

青海省海北藏族自治州门源回族自治县苏吉滩乡苏吉湾村的祁连山生态牧场（新华社记者吴刚摄）

学、微生物生态学等；根据环境系统（包括生命的地理、地域、栖息地属性等）不同，有全球生态学、陆地生态学、水域或海洋生态学、森林／荒漠／草地生态学；根据具体研究内容、方法学等不同又有种群生态学、群落生态学、生态系统生态学、分子或基因工程生态学，等等。这些分支领域侧重面、具体目标和任务不同，各自具有自己的特点，但是研究体系都是由基本组成元素——主体（生命系统）、客体（环境系统）、主体－客体相互作用等组成的。此外，生态学与其他学科交叉形成了生态学特殊的研究领域，如环境生态学（生态学与环境科学交叉）、景观生态学（生态学与地理学交叉）、统计生态学（生态学与统计学交叉）等。

三、生态学研究具有重要意义

人类作为地球上的一种生物，出现约有 260 万年的历史。自从地球上出现生命以后，生命就与环境构成了复杂而庞大的生态系统，人类的出现及活动不断改变原有的纯自然的生态平衡，使环境逐渐被打上了人类活动的烙印，生态系统变得日趋复杂。但是，人类生存和发展要求有一个严格、相对稳定的外部环境，这种环境在宇宙中绝非随处可遇。难怪时至今日，地球上的人类苦苦寻求，却始终未获得有关"星外文明"的证据。

20 世纪下半叶的科学技术迅猛发展、经济高速增长使得人类已经能够探索太空、开发极地、转基因和克隆动植物、发展人工智能等。然而，人类赖以生存的地球却沦落到了可怕的边缘。环境污染、气候变化、温室效应使地球伤痕累累。由于人口、食物、能源、环境污染和自然资源保护这世界五大社会问题日趋严重，世界各国涌现出一股不可抗拒的"生态热"，重视和发展环境生态学，大力普及生态学知识，保护地球生态环境已经成为全人类当前最紧迫的使命。生态文明建设是关系民生的大事。生态学对保护生物学、湿地管理、自然资源管理（农业、农业经济学、林学、农牧及渔业）、城市规划、社区保健、经济学、基础和应用科学等学科，都具有特殊而重要的价值。因此，重视和发展生态学及环境生态学研究和教育具有重要的科学和社会意义。

环境生态学的基本原理

一、生物圈

地球表面按物质状态可分为大气圈、水圈、岩石圈。生物圈（biosphere）指地球表层中生物栖居的范围。三圈中适于生物生存的范围就是生物圈。水圈中几乎到处都有生物，但主要集中于表层和浅水的底层。世界大洋最深处超过11000米，这里还能发现深海生物。限制生物在深海分布的主要因素有缺光、缺氧和随深度而增加的压力。大气圈中生物主要集中于下层，即与岩石圈的交界处。鸟类能高飞数千米，花粉、昆虫以及一些小动物可被气流带至高空，甚至在22000米的平流层中还发现有细菌和真菌。限制生物向高空分布的主要因素有缺氧、缺水、低温和低气压。在岩石圈中，生物分布的最深记录是生存在地下2500~3000米处石油中的石油细菌，但大多数生物生存于土壤上层几十厘米之内。限制生物向土壤深处分布的主要因素有缺氧和缺光。由此可知，虽然生物可见于赤道至两极之间的广大地区，但就厚度来讲，生物圈在地球上只占据薄薄的一层。

地球是生物起源和进化的理想环境。已知的生命现象都离不开液态水，地球与太阳的距离以及地球的自转使地表温度足以维持液态水的存在。地球的引力保证了大部分气态分子不致逃逸到太空去。地球的磁场屏蔽了一部分高能射线，使地表生物免遭伤害。然而这一切只是为生命提供了存在的可能性。现今地球上生存的各种生物都是几十亿年生物进化的结果，是生物与环境长期交互作用的产物。

当地球上刚出现生命的时候，原始大气还富含甲烷、氨、硫化氢和水汽等含氢化合物，属还原性

随着氧气的增多，在高空出现了臭氧层，阻止紫外线对生命的辐射伤害，于是过去只能躲在海水深处才能存活的生物便有可能发展到陆地上来

经过长期的生物进化，最后出现了广布界的各种植物和栖息其间的各种动物步形成了现在的生物圈

后来出现了蓝藻，它可以通过光合作用放出游离氧，使大气含氧量逐渐增多，变为氧化性，为需氧生物的出现开辟了道路

生物初到陆地上的时候，遇到的只是岩石和风化的岩石碎屑，大部分高等植物不能赖以生存，只是在低等植物和微生物的长期作用下，才形成了肥沃的土壤

二、生态系统

如果有人问生态概念中最重要的是什么，绝大多数人的答案是生态系统（ecosystem）。生态系统是指在某一特定的地表空间范围内，生物与生物之间、生物与非生物环境之间，通过连续的能量和物质交换、相互作用形成的一个整体。通俗地解释，生态系统就是在特定环境中，由生物体与非生物体成分构成的体系。它是一个远离平衡态的热力学开放系统，输入和输出环境是这一概念的基本要素。例如，一片森林，进入和离开这片森林的成分与森林内部的成分同等重要。按照上述定义，生态系统的概念是具体的：一片森

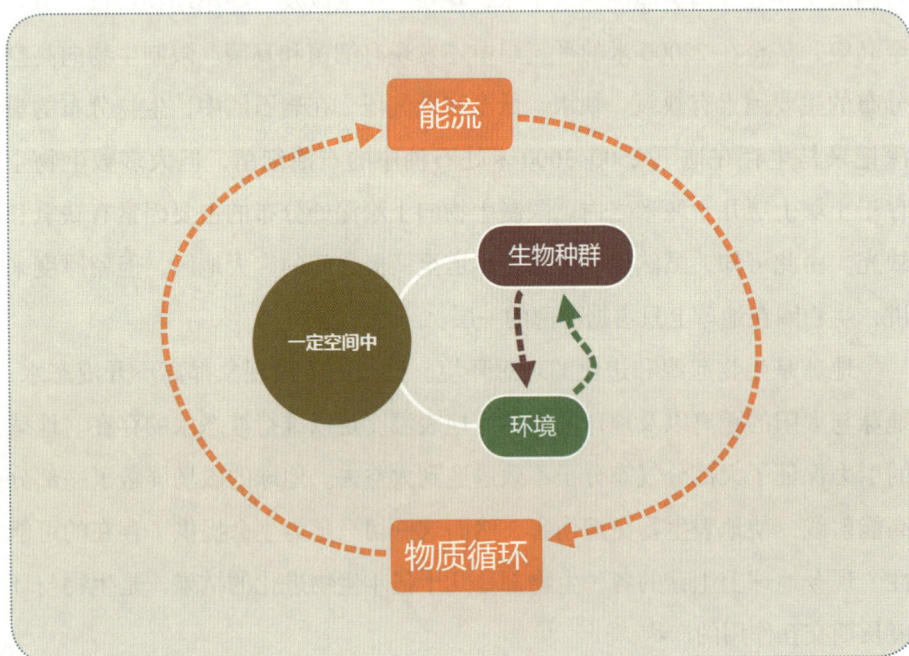

林、一块草地、一座山峰、一汪湖水、一条河流、一处村落甚至一座城市，都是生态系统。这些生态系统在一个地区的组合是更大的生态系统。地球上最大的生态系统便是生物圈。值得注意的是，在20世纪的大部分时间内，生态系统方面居支配地位的观点受美国植物生态学家克莱门茨学说的影响，他把动植物的栖息地描述成一系列的封闭环，具有自律的系统，并认为自然界倾向于平衡与和谐。但是现在许多生态学家则认为，在一个生态系统内的相互关系要开放得多，起源于一个栖息地边界之外的许多因素能够影响区域内的土壤、空气、水、生物差异等状况。而且大自然因为经常会出现干扰，平衡被打破，所以很少处于平衡状态。例如，一次草原火灾、一次啮齿动物的侵扰、一次严重的风暴，都会毁坏原来被认为相似的景色，使之变为一系列不同的小块土地。

（一）食物链和食物网

生态系统的营养结构包含三个层次。①生产者——"食物"的制造者。最主要的生产者（又称自养者）包括全部绿色植物，以及某些可以进行化学能、生物能合成和光合作用的细菌类。②消费者——不能用无机物直接合成有机物，而是直接或间接依赖进食生产者的异养生物。包括植食动物或肉食动物，以及某些腐生、寄生生物。以生产者为食的生物被称为初级消费者，以初级消费者为食物的生物为第二消费者。例如，以胡萝卜为食物的野兔是初级消费者，而以野兔为食物的狐狸则是第二消费者。接下去，还有第三、第四甚至更高级的消费者。③分解者——以细菌和真菌类微生物等异养生物为主，还有部分土壤动物（如蚯蚓、蜗牛等）及以腐烂动植物尸体为食的腐食生物。

在一个生态系统中，由生产者植物贮存的能量和物质，常以一系列"吃"与"被吃"的关系，依次通过生态系统的各个营养级而传递、流动（或说流通）。各营养级生物按其与食物的关系顺序排列、组成的能量与物质的流通系列，称为食物链。食物链是生态系统营养结构的具体表现形式之一，生产者是食物链的起点，然后依次是植食动物、肉食动物和分解者。食物链中的每个环节形成了营养阶层或营养级。食物链大致分为4类。①捕食性食物链，例如，陆地上的青草—野兔—狐狸—野狼；水域中的藻类—甲壳类—小鱼—大鱼。②碎食性食物链，如树叶碎片／小藻类—虾—鱼—肉食飞

生物圈的进化

禽或哺乳动物。③寄生性食物链，如飞禽或哺乳动物—虱／蚤—原生动物—细菌—过滤性病毒。④腐生性食物链，即动植物尸体被土壤、水、空气中的微生物分解后组成的食物链。

自然界中每个生态系统都存在许多食物链，而且很多生物可以在不同的食物链环节中占有位置，有的既吃植物又吃动物，本身又可能被不同的消费者所食。因此，食物链常常伴有许多不同的分支，各个食物链网彼此交织，形成更复杂的食物网。

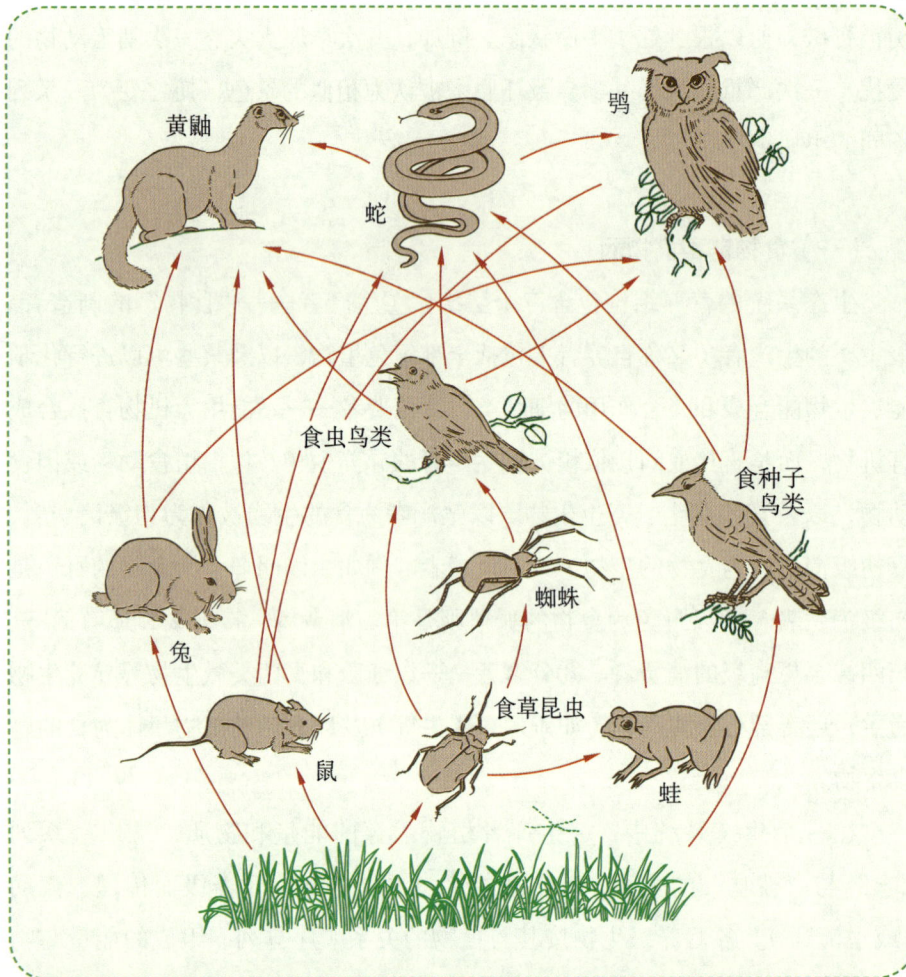

简化的食物网

食物链和食物网的复杂程度决定着一个生态系统抵抗外界干扰、维持自身稳定的程度。一般来说，生态系统的食物链网结构越复杂，维持自身稳定性的能力越强。

（二）生态系统的物质循环和能量流动

在一定的环境背景下，如适宜的温度、光照、坡度、土壤等，生命有机体只需要从环境中获取两样东西——物质和能量。化学物质经同化后，参与生命有机体的结构组成，并转换物质储存的化学能为可被生命直接利用的生物能。物理能（如阳光）可经生命体转换为化学能、生物能，驱动生命体活动及物质代谢转化。换言之，物质和能量是生态系统的两个基本功能——能量流动和物质循环所必需的。

生态系统的能量流动是单向、递减的。在各营养级，生物转变部分摄取的化学能为可利用的生物能，其余转变为热能而丢失。生态系统的物质循环有3类，水循环、气体循环（以碳循环、氮循环为主）和沉积型循环（岩石风化、分解产生的无机化学元素循环）。水循环是物质循环的必需条件，气体循环具有全球性，尽管沉积型循环在区域内缓慢进行，但在全球也是普遍发生的。生态系统的能量流动和物质循环是地球上一切生命活动的动力，它赋予自然界一切生物生存、生产和繁殖的能力，以及对外界的影响能力等。而能量流动与物质循环又必须是以系统的物质生产（包括能量固定）为基础的。

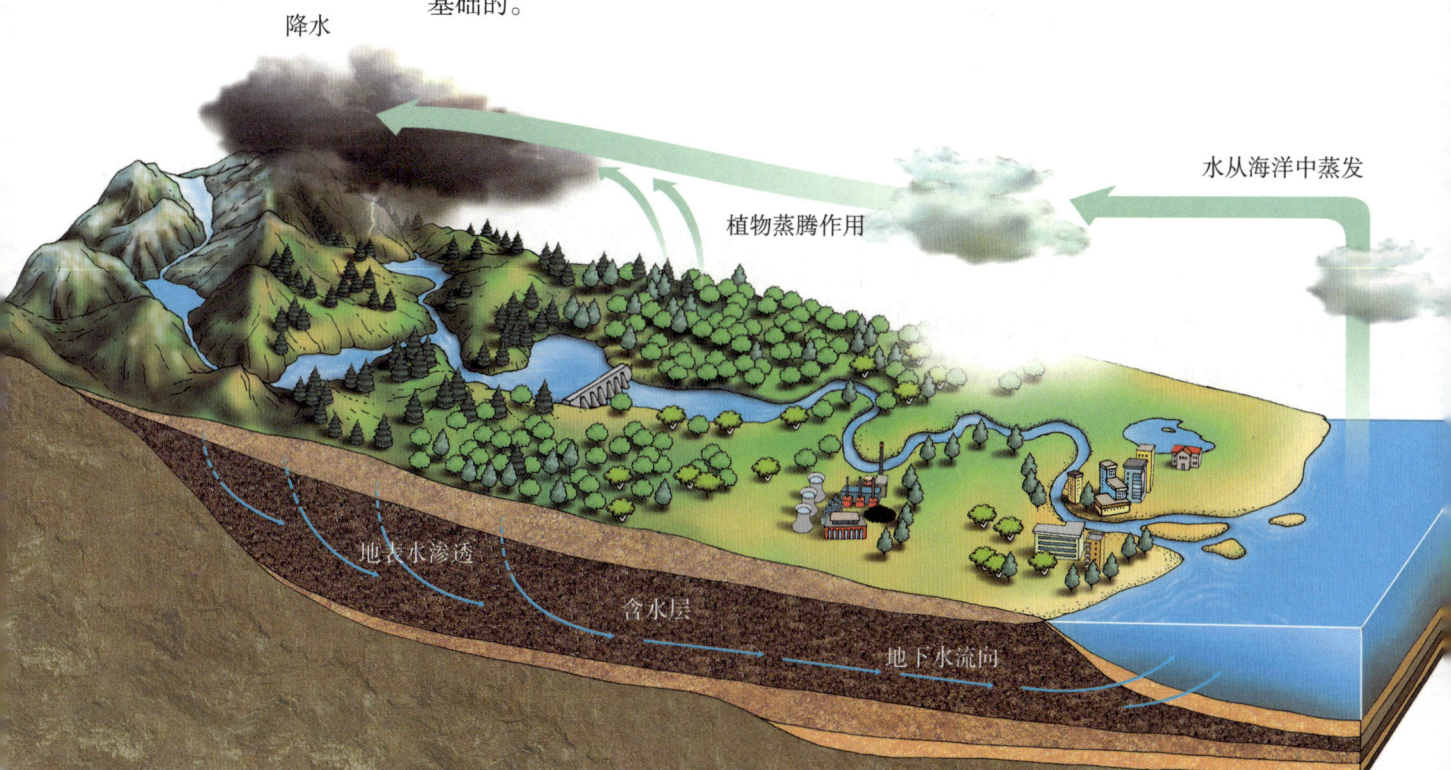

降水

水从海洋中蒸发

植物蒸腾作用

地表水渗透

含水层

地下水流向

水循环

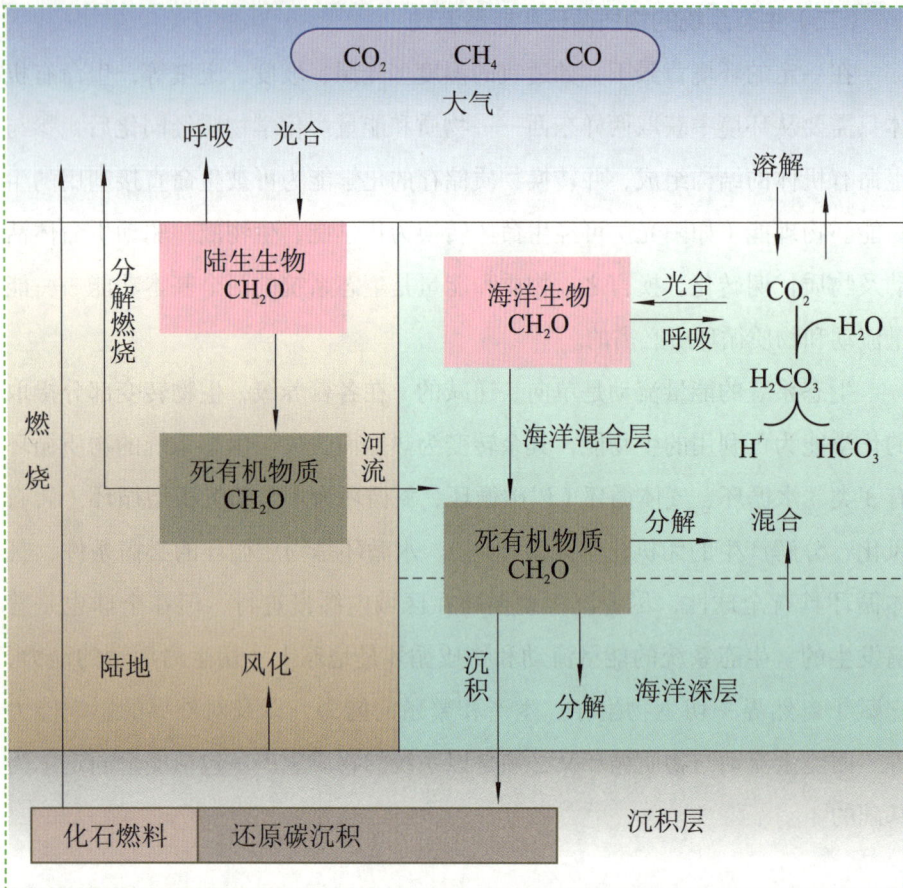

碳循环

（三）生态系统发生的变化——演替

生态系统是一个开放系统。一些生态系统依靠自身的发展和活动的本性既可消灭某些物种，又允许别的物种侵入，以此来改变它们的环境。因此，在占领区域的各种生物中存在着一种渐进的变化。一个生态系统可能被另一个生态系统全部取代。生态系统中的这种变化过程称为演替。演替有如下3种类型。①原生演替：如果一个地域先前没有生物占领，那么发生的现存生态系统被另一生态系统所代替，裸露的岩石表面被生物逐步侵入，最后变成了森林生态系统，就是一个典型的原生演替的例子。②次生演替：当一个地区被开垦（就农业而言）后又被废弃时，这个地区在开垦前的优势生态系统将经过一系列明显的过程阶段而得到恢复。因为这是重建原来曾经有的生态系统，所以这个演替过程称为次生演替。③顶级生态系统：指演替最终达到这样一种程度，即全部已有的物种继续彼此按比例繁殖，并不再发生变化。这种平衡状态达到了"顶级"，这个系统也就称为顶级生态系统。顶级生态系统的性质因这个地区占优势的非生物因素的不同而异。例如，在炎热的潮湿地区，顶级是热带雨林生态系统。

三、生态平衡及其反馈调节机制

生态平衡又称生态系统的平衡，是指生态系统通过发育和调节所达到的一种稳定状态。当生态系统处于相对稳定状态时，生物之间、生物与环境之间出现高度的相互适应，种群结构和数量比例持久的没有明显变动，生产与消费、分解之间，即能量和物质的输入与输出之间接近平衡，以及结构和功能之间相互适应，并获得最优化的协调关系。生态平衡是一种动态平衡，因为能量流动和物质循环总是在不间断地进行，生物个体也在不断地更新。

大量事实证明，在自然条件下，只要有足够的时间，外部环境又保持相对稳定，生态系统总是按照一定规律朝着种类多样化、结构复杂化、功能完善化的方向演进，直到生态系统达到成熟的最稳定状态为止。换言之，生态系统是一个动态系统，导致其稳定与平衡的各种因素也时常发生变化。当生态系统达到动态平衡的最稳定状态时，它能够自我调节，维持自己的正常功能，并能在很大程度上克服和消除外来的干扰，保持自身的稳定性。有人把生态系统比喻为"弹簧"，它能忍受一定的外来压力，压力一旦解除就又恢复到原初的稳定状态，这就是生态系统的反馈调节机制。

但是，生态系统的自我调节能力是有一定限度的。当外界压力过大，使系统的变化超过了自我调节能力的限度，即"生态阈限"时，其自我调节能力就会下降，甚至消失。此时，系统结构被破坏，功能受阻，整个系统受到伤害甚至崩溃，这时就会出现生态危机。

四、种群与生物群落

（一）种群是同种生物在一定空间范围内同时生活着所有个体的集群

例如，秦岭的箭竹种群、四川卧龙的大熊猫种群等。一个种群比生物个体对自然界有更强的适应能力，它们可以有效地抵御不良环境，共同对付天敌，共同寻觅食物等。由于种群由许多个体组成，因而具有分布、密度、年龄结构等生物个体所不具备的特征。

江苏大丰麋鹿种群
总数已超 5000 头
（新华社记者李响摄）

（二）生物群落是相互关联的种群形成的整体

生物群落是一组相互作用着的种群形成的整体。例如，在草原生活着的植物、动物、微生物的许多种群，它们之间相互以各种方式联系在一起，组成生物群落。

植物、动物、人类和谐相处

五、物种

具有共同形态特征、生理特性以及一定自然分布区的生物类群称为物种，简称"种"，是生物分类的基本单位，位于"属"之下。物种形成是生物进化的基本过程之一。一般来说，一个物种内的个体不与其他物种中的个体交配，或交配后不能产生具有生殖能力的后代。物种学名由属名和种名两部分构成。

寄生在柞蚕卵内的赤眼蜂幼虫，图中大颗粒为柞蚕卵，小黑点为赤眼蜂幼虫
（新华社记者白禹摄）

物种之间的相互关系有以下 5 种主要形式。①竞争——物种间为争夺生存资源和空间而发生的相互抑制的现象。②互惠共生——两种不同的生物在生活中密切结合在一起，互相依赖，彼此均获利的一种种间相互作用方式。例如，蜂与花的关系可以认为是一种互惠共生。③寄生——一个物种的个体寄生在另一物种（寄主或宿主）的体内或体表，从寄（或宿）主获取营养。例如，虱子寄生于动物或人体。④共栖——两种生物生活在一起，其中一方受益，另一方既不受害也不获利。例如，海洋中有一种叫鲫的小鱼，吸附在

鲨鱼（有时吸附在海龟，甚至潜水艇）的体表"免费搭乘旅行"，并以鲨鱼进食后的残余物为食，鲨鱼虽未获得利益，但也无损或受妨碍。⑤捕食——一种生物攻击、损伤或捕杀另一种生物为食。例如，从食物构成看人类也属于捕食者。

六、生态学的一般规律

生态学的一般规律是生态平衡的理论基础，也是解决人类当前面临的人口、粮食、能源、资源、环境五大问题的理论基础。

（一）相互依存与相互制约规律

相互依存与相互制约反映了生物间的协调关系，是构成生物群落的基础。生物间的这种协调关系，主要分为两类——相互依存与制约、相互联系与制约。

相互依存与制约，又称"物物相关"规律。具有相同或不同的生理、生态特性的生物，占据与各自相适宜的生态位，构成生物群落或生态系统。系统中不仅同种生物相互依存、相互制约，异种生物间、不同群落之间也存在着相互依存、相互制约的关系，也可以说彼此影响。这种影响有些是直接的，有些是间接的，有些立即表现，有些滞后显现。

通过食物而相互联系与制约的协调关系，或称"相生相克"规律。具体形式就是食物链与食物网。每一种生物在食物链与食物网中都占据一定位置，并具有特定的作用，各种生物种之间相互依赖、彼此制约、协同进化。猎物为捕食者提供生存条件；反之，捕食者又受制于猎物。它们彼此相生相克，使整个体系成为协调整体。生物体间的这种相生相克作用，使生物保持数量上的相对稳定，这是生态平衡的一个重要方面。

（二）物质循环与再生规律

在生态系统中，借助能量的不停流动，植物、动物、微生物可以不断地从自然界摄取物质并合成新物质；另一方面，死亡的有机体又随时被分解为原来的简单物质，即所谓"再生"，重新被植物吸收，进行着不停顿的物质循环。因此要严格防止有毒物质进入生态系统（如有机磷农药在土壤内或作物内蓄积），以免有毒物质经过多次循环后富集到危及人类的程度。

（三）物质输入输出的动态平衡规律

物质输入输出的动态平衡规律，又称为协调稳定规律，涉及生态系统中生物与环境两个方面。当一个自然生态系统不受人类活动干扰时，生物与环境之间的输入与输出是相互对立的关系。生物体进行输入时，环境必然进行输出，反之亦然。生物体一方面从周围摄取环境物质，另一方面又向环境排放物质，以补偿环境的损失（这里的物质输入与输出包含着质、量两个相关指标）。也就是说，在一个稳定生态系统中，无论对生物、对环境，还是对整个生态系统，物质的输入与输出总是互相平衡的。

（四）相互适应与补偿的协同进化规律

在生物与生物、生物与环境之间，存在着作用与反作用的关系。例如，捕食者与猎物之间，经过长期的相互适应与协同进化，捕食者通常具有锐利的爪、撕裂用的牙、毒腺或其他武器，以提高捕食效率；相反，猎物常具保护色、警戒色、假死、拟态等适应特征，以逃避被捕食。在这一相互适应的协同进化过程中，常使有害的"负作用"倾向于减弱。例如，捕食者往往首先捕杀猎物中受伤、病残和年老体弱的，这为猎物提高种群质量创造了条件。人类与自己培育的作物、家畜之间的关系也是相互协同进化的范例。

（五）环境资源的有效极限规律

生态系统中作为生物生存的各种环境资源在质量、数量、空间和时间等方面都有一定的限度，不能无限供给，换句话说，生物生产力通常都有一个大致的上限，每一个生态系统对任何外来干扰也都有一定的忍耐极限。因此，采伐森林、捕鱼狩猎要适度，不能影响资源的可持续利用；保护某一物种时，必须要有使它有生存、繁殖的足够空间；排污时，必须使排污量不超过环境的自净能力，等等。

04

健康与疾病

人类健康的定义

为了深刻理解人类健康的定义，首先需明确人类的概念。什么是人类?
人类（*Homo sapiens*）是分类学中的术语，指现在的人种。瑞典植物学、动
物学家、医师卡尔·林纳尤斯（Carl Linnaeus）在 1758 年将人类称为"智人"
（wise man）。我们人类不仅是"生物的人"，而且是由机体、心理或精神、
社会等多方面组成的整体的人，是兼有生物和社会属性的人。换言之，人

荷兰阿姆斯特丹梵高博物馆（新华社供图）

类是集思想、情感、行为或活动等于一身的。人有独特的情绪和情感，有家庭和文化背景，有习俗、信仰和价值观。因此，生理机能完善、心理状态愉悦是人类健康的最基本要求。我们每个人都生活在群体中，庞大的群体组成了社会。每个人在社会中扮演的角色、发挥的作用对我们的生理、心理或精神、社会状态都会产生巨大的影响。为此，世界卫生组织（World Health Organization, WHO）早在 1948 年就将健康解释为，健康不仅是没有疾病或虚弱，而且是身体、精神和社会的完全安适状态。一个人的身体、精神、社会状态等任何一方面出现问题，都会影响其他方面的状态，就不能称之为健康。

世界卫生组织

世界卫生组织的任务包括：①促进消灭流行病、地方病和其他疾病。②促进改善营养、住房、卫生设施、工作条件以及环境卫生等其他方面。③鼓励对卫生事业作出贡献的科学和专业团体间的合作。④提出卫生方面的国际公约和协议。⑤推进和指导卫生领域中的研究。⑥制订食品、生物制品和药品的国际标准。⑦鼓励从事卫生事业的人们踊跃提出意见。

世界卫生组织采取权力分散的工作方式，地区办事处负责所属会员国的工作。地区办事处的领导人是地区主任。六个办事处分别设在埃及亚历山大港（东地中海区），刚果布拉柴维尔（非洲区），丹麦哥本哈根（欧洲区），菲律宾马尼拉（西太平洋区），印度新德里（东南亚区），美国华盛顿（美洲区）。中国被划归西太平洋区。

世界卫生组织的技术人员多数是医学和公共卫生专家，同时也有护理、药剂、牙科、兽医、生物学、化学、经济、统计、图书馆科学等方面的专家。

总部负责建立技术的及行政的政策和程序。地区办事处负责制定具有地区特征的政策和监督该地区的活动。地区主任是地区的技术和行政领导，由这一区域内的会员国产生。大多数会员国设有世界卫生组织代表处，常驻代表领导代表处的工作，作为高级官员负责世界卫生组织在这个国家中的活动，支持该国家卫生项目的计划和实施；协助该国准备和执行人人享有基本卫生保健的策略，并将该国的具体卫生问题通报世界卫生组织。世界卫生组织只指导和协调国际卫生活动，不是具有超越所在国行政权力的超国家"卫生部"。世界卫生组织驻中国的代表处设在北京。

人类健康的定义是在不断演化和完善的。WHO 在 1948 年提出的健康概念就是基于医学模式从生物医学模式向生物－心理－社会医学模式的转变而提出的。此后，伴随社会医学、卫生发展的新理论不断出现，对健康的解释更进一步地完善。1989 年，WHO 又提出了健康的新概念：除了人的机体健康、心理健康和社会适应性良好，又补充了道德健康，有这四方面健康才算是完全健康。

事实上，一个人能够持续、稳定的"完全"健康不是一件容易事。某种疾病状态与完全健康状态之间是一个的动态、连续的过程。这种动态平衡的一边是健康的极大满足，另一边则是病情危重。每个人的健康状态都处于动态平衡中的某一阶段。20世纪80年代，苏联学者博克曼（Berkman）提出了介于健康（"第一状态"）与疾病（"第二状态"）之间"第三状态"的概念。随后，我国学者将这种中间状态称之为"亚健康"（sub-optimal health），并提出评价方法或标准。2007年，中华中医药学会发布的《亚健康中医临床指南》指出，亚健康是指人体处于健康和疾病之间的一种状态。处于亚健康状态的人表现为一定时间内的活力降低、功能和适应能力减退的症状，但是又不符合现代医学有关疾病的临床或亚临床诊断标准。换句话说，根据疾病的临床或亚临床诊断标准，"亚健康"不能界定为疾病状态，基于WHO在1989年提出的关于健康概念的释义，"亚健康"应该被理解为非完全健康状态。

1946年，WHO在《世界卫生组织组织法》中还提出，享受最高健康标准为人人基本权利之一，不因种族、宗教、政治信仰、经济或社会情境各异而分轩轾。1978年9月12日，WHO在国际初级卫生保健大会制定的《阿拉木图宣言》中不仅再次重申了关于健康的定义，同时进一步指出，达到尽可能高的健康水平是全世界范围内一项最重要的社会性目标，其实现需要卫生部门及社会各部门的协调行动。"primary health care"在相关领域习惯将其翻译为"初级卫生保健"，基于"primary"含有"根本的"或"首位的"之意，因此"初级卫生保健"的实质含义就是以人为本，全面对待健康问题，并认为预防与治疗同等重要，开展预防工作，处理卫生领域以及非卫生领域中造成不健康的根源因素，从上游解除对健康的威胁。80年代后期，WHO在总结国际初级卫生保健工作的经验后，再次强调"人人享有卫生保健是全球永恒的目标，到了21世纪，我们仍要不断提高人人享有的卫生保健的水平"。2017年12月，第三届初级卫生保健国际会议在卡塔尔的多哈举行，会中研讨采用临床与卫生系统相结合的策略应对现代卫生保健领域面临的挑战，全球医疗保健人士矢志结成"统一阵线"，强调开展合作和协作，促进最佳实践的重要性。

鉴于上述，世界各国达成共识，制定相关法律，对维护人类健康具有重

2019 年 5 月 20 日，中国在日内瓦分享初级卫生保健经验（新华社记者徐金泉摄）

要作用。我国也在宪法中明确规定，维护全体公民的健康和提高各族人民的健康水平，是社会主义建设的重要任务之一。各国纷纷通过分配"最大限度可用资源"的政策保证人民享有安全饮用水、食品、环境卫生、卫生相关信息、住房、教育和性别平等，并确保人民及时获得可接受、可负担且质量适当的卫生保健。2018 年，世界卫生组织（WHO）总干事谭德塞博士在世界卫生组织和《世界人权宣言》成立和发布 70 周年之际强调，健康是一项人权，而不是那些有能力支付者享有的特权。

影响健康状态的基本因素

影响健康状态的因素种类繁多，归纳起来主要有以下 4 方面因素。

一、个人行为和生活方式

一个人的不良行为和生活方式会直接或间接地影响健康。行为（behavior）是指有生命机体自身在环境的作用下，由个体、器官或系统表现出的活动和反应方式。这些反应可以是有意识或潜意识的、公开的或隐蔽的，以及自动的或被动的。例如，在巴甫洛夫研究条件反射时，动物对刺激

2019 年吉林市国际马拉松
（新华社记者林宏摄）

的反应方式就是行为。人类的行为有很多种，如日常生活、消费、管理或经营及社会行为等。人的各种行为是受神经－内分泌系统支配的。影响行为的因素有来自内部和外部的，种类繁多。人的健康行为是指与一个人的健康和幸福相关的信念和行为。影响健康行为的因素包括自身的、社会的、文化的，以及我们生活、学习和工作的物理环境。一个人的生活方式或习惯就是行为，如信念、感情或情绪状态、日常饮食起居的规律性、卫生习惯、吸烟或

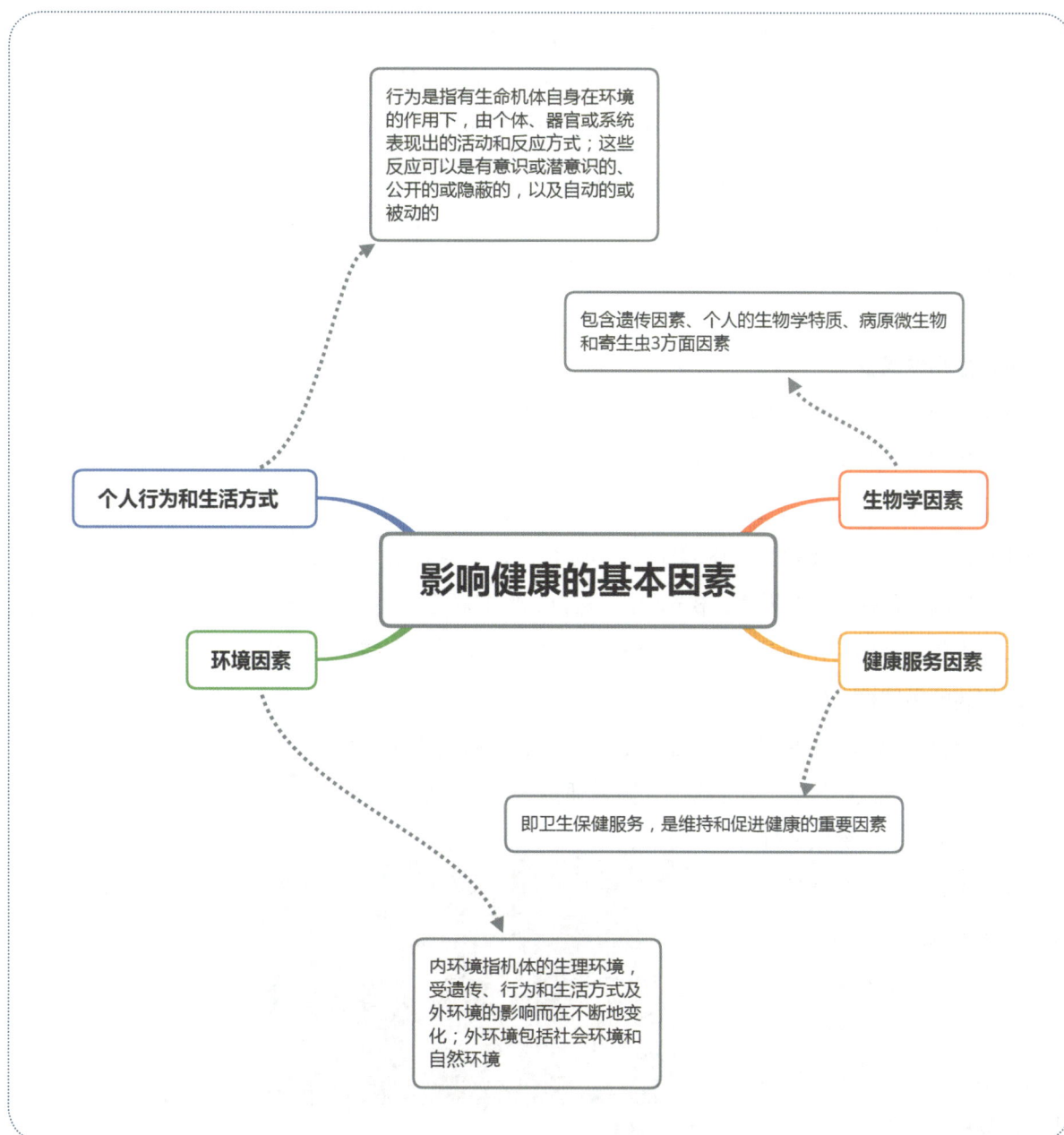

行为是指有生命机体自身在环境的作用下，由个体、器官或系统表现出的活动和反应方式；这些反应可以是有意识或潜意识的、公开的或隐蔽的，以及自动的或被动的

包含遗传因素、个人的生物学特质、病原微生物和寄生虫3方面因素

个人行为和生活方式

生物学因素

影响健康的基本因素

环境因素

健康服务因素

即卫生保健服务，是维持和促进健康的重要因素

内环境指机体的生理环境，受遗传、行为和生活方式及外环境的影响而在不断地变化；外环境包括社会环境和自然环境

饮酒嗜好、运动与否及方式、为人处世方式、是否乱用药物等，这些都与健康有关。良好的行为和生活方式促进健康，不良的行为和生活方式损害健康。

二、环境因素——社会环境和自然环境

上面谈到人的行为是受内外环境因素影响的。内环境指机体的生理环境，受遗传、行为和生活方式以及外环境因素的影响而在不断地变化。外环境包括社会环境和自然环境，社会环境包括社会制度、法律、经济、文化、教育、职业，以及与社会生活相关的一切因素。按生态学观点，外环境又包括生物环境和非生物环境。非生物环境为生命体提供赖以生存的必需条件，如空气、水、营养素、日光等。人与其他生命系统、非生物环境发生错综复杂的相互作用。因此，一个人的健康状态还应包括个体与其他人、与非生物环境之间的和谐相处。良好的个人、社会关系，以及优质的外部物理环境会增进健康水平，反之会损害健康，甚至导致疾病。

三、生物学因素

影响健康状态的生物学因素有内、外源之分，主要有以下因素。

1. 遗传因素包括染色体和基因异常，时常会影响个体对某种疾病的发病倾向或出生缺陷。例如，染色体数目异常（专业术语称为"非整倍体"）导致的唐氏综合征（21三体型）、18或13三体综合征，基因突变引起的先天性遗传性疾病，包括苯丙酮尿症、β-地中海贫血、血友病等。

2. 个人的生物学特质包括年龄、性别和个人体质。不同的生物学特质会导致对疾病的易感性不同。

3. 病原微生物和寄生虫导致一些感染性疾病。包括病毒感染性疾病（如流行性感冒、病毒性肝炎、艾滋病、脊髓灰质炎等）；支原体感染性疾病（如支原体肺炎，又称原发性非典型性肺炎；溶脲脲原体通过性接触引起的尿道、输卵管、盆腔等炎症）；细菌感染性疾病（霍乱、痢疾、肺炎、结核等）；寄生虫感染性疾病（疟疾、肝吸虫病、血吸虫病等）。

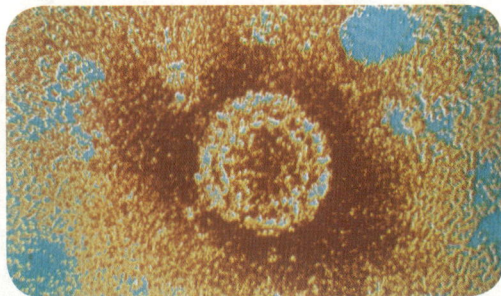

乙型肝炎病毒

四、健康服务因素

健康服务即卫生保健服务，涉及前面所谈的"初级卫生保健"政策、策略和具体措施的实施，是维持和促进健康的重要因素。

保健事业管理

合理分配和使用卫生资源，使其达到最佳效益的一门应用性学科。又称卫生事业管理。它是一门建立在生物医学、社会医学、经济学、法学、数理统计及流行学等多学科基础上的综合性学科。

保健事业管理的发展与医学的发展密切相关。医学发展可分为个体医学、群体医学、人类医学三个阶段。20 世纪初以前医学工作主要是医生与病人之间的个人活动，治疗与预防均立足于对个人服务的基础上。保健事业管理也是为了为个人提供较好的服务，因此保健管理较偏重微观管理。20 世纪以来，人们认识到疾病预防的重要意义，不仅进行个体预防，还要进行群体预防，因而出现公共卫生及社区医学。社区不仅是人的集合体，而且是独立的居民团体，可以是一个行政地区、也可以是城乡某些特殊人群。由于社区人群健康受生物因素、自然条件及社会环境、行为、卫生服务等多方面因素影响，因此对人群健康状况及其原因的分析和疾病的诊断、治疗及预防变得更加复杂，需要多学科的综合运用，系统分析及权变理论和方法逐步运用到保健事业管理领域，开始了保健事业的宏观管理。

人类医学从个体医学发展到群体医学的过程中，人们认识到医学的发展具有国际性，许多疾病的发生和传播必须有国际间的合作和联合行动才能控制。

保健事业管理主要有以下几方面的内容：①卫生保健需求的评估。研究人群健康状况及影响因素，卫生设施利用和卫生费用支付等情况。②卫生政策的制定。③卫生发展规划的制定、实施和评价。为贯彻卫生政策而采取的一系列相关活动，包括目标、所需人力、技术、设施、设备、器材用品、经费概算、评价方法、行动日程表及各环节间各部门间联系方式等。④卫生管理体制的建立。除各级各部门的卫生行政组织、业务组织、群众组织、纵向或横向的联合组织、行业组织外，还应有政府领导下的更多部门参加的协调组织（如卫生委员会、初级卫生保健委员会等）。⑤保健制度的建立和完善。保健制度一般分为自费、集资、公费三种形式。各国均同时存在这三种形式。如何有效地管理、合理使用有限资金则是政府及卫生部门研究的重要课题。

人类疾病的病因

按严格定义讲，疾病是一种对生命机体的部分或整体的结构或功能产生不利影响的特殊异常状态，但是通常不包括任何外来损伤所造成的非正常状态。疾病又可被解释为与特异的症候和体征相关的医学状态。一种疾病可以由外部因素（如病原体）或内部功能失调引起。例如，体内的免疫系统功能失调可以产生多种不同的疾病，包括免疫缺陷症、超敏反应、过敏和自身免疫病等各种形式的免疫病理性状态（疾病）。对于人类来说，疾病通常泛指那些引起任何受累个体的疼痛、功能障碍、痛苦、社会问题的状态，或者与上述患者有过接触的人出现类似问题的状况。从广义的疾病定义讲，它有时也包括损伤、残疾/失能、疾病、综合征、感染、孤立症状、越轨或过失行为、结构和功能的非典型变化；在某些情况下，这些状态可能会与其他领域的某些状况难以区别，例如精神卫生健康障碍的患者造成的公共社会或人员的伤害可能会被判为危害公共安全或故意伤害罪。疾病给人造成的影响不仅仅是物理的，也可以是精神上的，从而招致疾病和带病生存，甚至可能会改变受累人员今后的生活前程。

目前，全球死亡率最高的疾病是冠心病，75% 以上源自八种风险因素，酗酒、吸烟、高血糖、高血压、高胆固醇、肥胖、缺乏水果和蔬菜，以及缺乏体力活动。其次是癌症，全世界癌症死亡中，45% 归咎于九种环境和行为风险因素，以及七种传染性因素。WHO 有报告指出通过处理影响健康的五大因素，即儿童期体重不足、不安全性行为、酗酒、缺乏安全用水、环境卫生和个人卫生，以及高血压，可以使全球期望寿命增加将近 5 年。据估计，每年有 6000 万人死亡，其中 1/4 由上述因素导致。许多死亡和疾病由不止一种风险因素造成，或许可以通过减少其中任何一项诱因而幸免。

一、物理性致病因子

主要包括高温、低温、紫外线和电磁辐射等。

高温可引起烫伤甚至烧伤。在高温环境中工作容易造成中暑。除了这些明显的高温对人的影响外，高温还可能导致肿瘤。我国是上消化道肿瘤（如

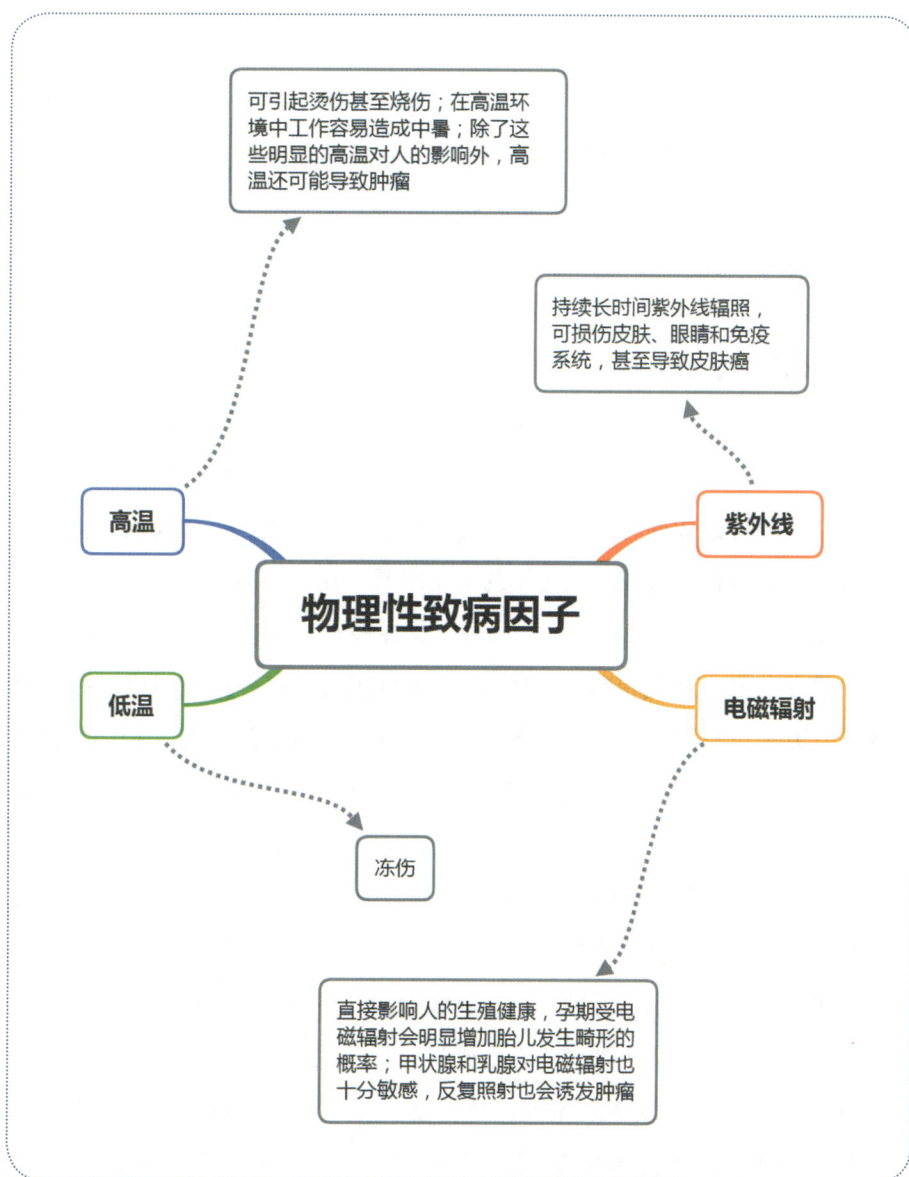

可引起烫伤甚至烧伤；在高温环境中工作容易造成中暑；除了这些明显的高温对人的影响外，高温还可能导致肿瘤

持续长时间紫外线辐照，可损伤皮肤、眼睛和免疫系统，甚至导致皮肤癌

高温　**紫外线**

物理性致病因子

低温　**电磁辐射**

冻伤

直接影响人的生殖健康，孕期受电磁辐射会明显增加胎儿发生畸形的概率；甲状腺和乳腺对电磁辐射也十分敏感，反复照射也会诱发肿瘤

食管癌等）高发国家，其中喜欢吃热的甚至烫嘴的食物是造成这种疾病的重要因子。滚烫的食物落到消化道内，造成了消化道细胞的损伤，反复的消化道细胞损伤造成炎症，直至癌症发生。

低温可造成冻伤，在寒冷的地区从事户外工作和相关的体育运动都可能造成冻伤。冻伤轻者红肿刺痛，重则出现坏疽。

小剂量的紫外线可以促进维生素 D 生成，这是好事。但持续长时间紫外线辐照，可损伤皮肤、眼睛和免疫系统，甚至引发皮肤癌。在一些国家，将皮肤"美黑"是一种潮流，因此一种为进行日光浴而制作的"浴床"很流行。但有研究显示，使用这种设备进行"美黑"将增加 20% 皮肤癌的发生概率。

电磁辐射包括人工的和自然环境下的辐射。无论是哪种辐射对人类健康都存在损害。电磁辐射直接影响人的生殖健康，孕期接受电磁辐射会明显增加胎儿发生畸形的概率。此外，甲状腺和乳腺对电磁辐射也十分敏感，反复照射也会诱发肿瘤。

二、化学性致病因子

化学性致病因子来自体内外环境。外环境致病因子主要来自大气污染、水污染、食品污染。空气污染是指由能够改变空气自然特性的任何化学物质对室内、外环境造成的污染。家用燃烧装置、机动车辆、工业及化学工业生产、自然灾害等都是造成空气污染的常见因素。在公共卫生领域引起极大关注的污染物包括可吸入微粒物（PM10）及各种有害气体，如一氧化碳、臭氧、二氧化氮和二氧化硫等。2016 年，WHO 报告，室外空气污染导致全世界约 420 万人过早死亡，原因是暴露于细颗粒物（PM2.5），这些细颗粒物能导致心血管系统、呼吸系统疾病以及癌症，同年，据 WHO 估计，在与室外空气污染有关的过早死亡中，约 58% 是因为缺血性心脏病和脑卒中所致，慢性阻塞性肺病和急性下呼吸道感染分别导致 18% 的过早死亡，另有 6% 的过早死亡是由肺癌所致。有些死亡可能同时与一种以上的风险因素有关。例如，吸烟和空气污染都会导致肺癌。就吸烟而言，香烟烟雾中含有上千种化学物质，这些物质是人类罹患心脑血管病、阻塞性肺疾病和癌症三大致死性疾病的元凶。吸烟不仅危及本人，还会使"二手烟"接触者受累。粗略估计，约有 90% 的肺癌、50% 的其他癌症、80% 的慢性阻塞性肺疾病、25%

的冠心病因吸烟引起。某些肺癌死亡是可以通过提高环境空气质量或减少吸烟而避免的。除了室外空气污染，全世界约 30 亿人使用燃油、燃气和燃煤做饭、取暖，因此室内烟雾也是一个严重的健康风险因素。2016 年，约 380 万例过早死亡由家庭空气污染所致。2005 年《世界卫生组织空气质量准则》针对引起健康风险的主要空气污染物的阈值和极限值提供了指导性建议：如果将可吸入颗粒物（PM10）污染物浓度由 $70\mu g/m^3$ 减至 $20\mu g/m^3$，或将目前城市常见的年平均可吸入细颗粒物（PM2.5）浓度从 $35\mu g/m^3$ 降到 $10\mu g/m^3$，均可使与空气污染关联的死亡减少约 15%。然而，即使在欧盟，其中许多城市的颗粒物浓度符合指导水平，但估计因暴露于人类活动产生的颗粒物中，平均期望寿命仍会减少 8.6 个月。

水是生命的根本。地球上的淡水有限，而且其质量受到持续的威胁。保持淡水的质量对饮用水的供应、食品生产和娱乐用水十分重要。传染病因子、有毒化学品和放射性危害可影响水的质量。WHO 列出了 21 种与水源污染相关的疾病——腹泻病、血吸虫病、土源性蠕虫感染、麦地那龙线虫病（几内亚蠕虫病）、疟疾、登革热、军团菌病、霍乱、弯曲杆菌、甲型肝炎、戊型肝炎、砷中毒、铅中毒、沙眼、盘尾丝虫病、日本脑炎、贫血、蛔虫

水污染

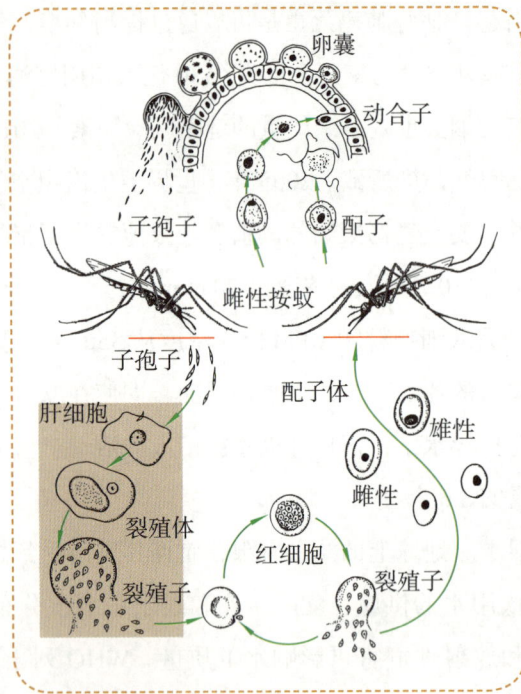

疟原虫生活史

病、氟中毒、蓝藻毒素和钩端螺旋体病。供水和卫生设施服务的缺失、不足或管理不当均可使人们处于健康风险之中；尤其在卫生医疗机构，当水、卫生设施和卫生服务缺乏时，患者和工作人员则处于感染和罹患疾病的更大危险中。据预测，2025 年前，全世界大约有半数人口将生活在水资源紧张的地区。为了我们人类世代的生存和健康，必须保护水资源。

三、生物性致病因子

生物性致病因子主要指各类致病的病原体，包括非细胞型微生物（病毒）、原核细胞型微生物（细菌、衣原体、螺旋体、放线菌等）、真核细胞型微生物（真菌等）及寄生虫（疟原虫、血吸虫、肝吸虫等）。此外，还有一种非菌、非病毒的传染性蛋白质颗粒，称为"普里昂"蛋白（prion，也译为"朊病毒"），是一种蛋白质性病原体，可引起人的库鲁氏病、克-雅氏病以及羊瘙痒病、疯牛病。

其中，流感病毒是我们生活中最常接触到的一类生物性致病因子。流行性感冒病毒，简称流感病毒，是引起人和动物流行性感冒的病原体。根据病毒结构中所含的核蛋白（NP）和（内）膜蛋白（M）不同，国际上将

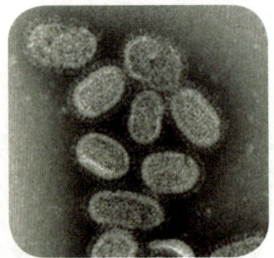

流感病毒电镜图
（×100000）

其分为 A、B、C 和 D 四型，分别与国内甲、乙、丙、丁型对应。A/ 甲型流感病毒又可根据其膜表面分布的血凝素（HA）分子不同，分为 16 个亚型（H1~H16），根据其表面分布的神经氨酸酶（NA）不同，分为 9 个亚型（N1~N9），基于两种分子的不同亚型，于是有 H1N1、H3N2、H5N1、H7N9 等诸多不同的感冒病毒引起的流感流行。目前尚未确定感染牛的 D 型可否感染人。流感患者发病症候从中度到严重，主要累及鼻、喉、支气管，偶尔影响肺部等。感染通常持续约一周，特征是突发高热、肌肉酸痛、头痛和严重不适、干咳、喉痛和鼻炎等。有时也会累及消化系统，引起胃肠炎，出现恶心、呕吐症状。流感病毒通过染毒者咳嗽或打喷嚏时产生的飞沫经空气很容易在人与人之间传播，因此流感传染性强，传播迅速。多数病患者在一至二周内可自动康复，但是幼儿、老年人和严重病患者可因肺炎、并发症而死

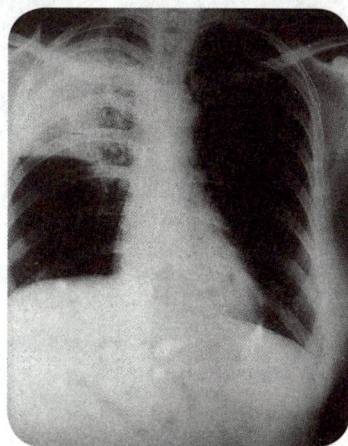

病毒性呼吸系统（肺部）感染

亡。人类感染甲型 H5 和甲型 H7N9 亚型病毒的病死率远远高于季节性流感。在我国,曾经暴发过的流感病毒有甲型 H5N1、H7N9 禽流感病毒,其病程发展异常迅速。

另一个值得一提的病毒是逆转录病毒,这是一组含有逆转录酶的单股正链 RNA 病毒,按其致病作用分为 3 个亚科:RNA 肿瘤病毒亚科(引起禽、哺乳动物、灵长动物及人白血病、淋巴瘤和乳腺癌)、慢病毒亚科(如人免疫缺陷病毒等)和泡沫病毒亚科(牛、猪、灵长类及人泡沫病毒)。

人免疫缺陷病毒(human immunodeficiency virus,HIV)在 20 世纪 80 年代首先在美国发现,是一种引起获得性免疫缺陷综合征(acquired immunodeficiency syndrome,AIDS/ 艾滋病)的病原体,俗称艾滋病病毒。HIV 主要通过感染人免疫系统的 CD4 阳性 T 细胞(CD4$^+$T 细胞),也能感染一定状态下的巨噬细胞及其他细胞,损害或摧毁免疫细胞的功能。HIV 通过无保护的性交、输入受污染的血液、共用受污染的注射针传播,还可在妊娠、分娩和哺乳期间在母婴之间传播。从 HIV 感染到发病之间的潜伏期较长

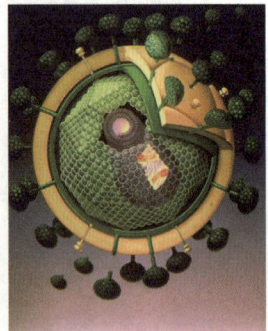

艾滋病病毒结构示意图

2018 年 6 月 12 日,联合国秘书长古特雷斯在联合国艾滋病防治辩论会上发言(新华社记者李木子摄)

（一般为 10~15 年），感染初期没有症状；但随着病毒颗粒繁殖，免疫细胞的损伤累积到足以使病毒感染者失去对病原体的免疫力时，最终因反复发生或持续存在的各种"条件性"病原微生物感染或肿瘤而死亡。

所谓条件性病原微生物是指存在于人体的正常菌群，通常不会致病，只有在机体免疫功能低下等特定条件下才引起人体疾病，这类病原微生物称为条件性（或机会性）病原微生物或条件（致）病菌（conditional pathogen）。正常菌群导致"条件性病原微生物感染"需要的特定条件，常发生在以下 3 种情况：①寄居部位改变——寄居肠道的正常菌群进入尿道、腹腔或血液，引起炎症；②免疫功能低下——大面积烧伤、疲劳、慢性消耗性疾病，或抗肿瘤放射治疗（放疗）、化学药物治疗（化疗）等导致的全身免疫功能低下；③菌群失调——不适当的使用抗菌素抑制或杀死正常、原来处于优势的菌群，使原本劣势菌群趁机繁殖，导致菌群失调症或菌群交替症。

HIV 感染者如果不及时发现和治疗，最终会亡命于机会性感染。艾滋病自发现以来在世界各地感染和发病趋势不断上升，蔓延范围越来越广。现在是非洲青少年死亡的主要原因，也是世界各地青少年死亡的第二大原因。据法新社 2019 年 3 月 5 日发布的消息，全世界有约 7000 万艾滋病患者，其中半数已经死亡。而这方面的比例在撒哈拉以南非洲地区更高。标准的抗逆转录病毒疗法包括联合使用至少 3 种抗逆转录病毒药物，以便最大程度地抑制艾滋病毒及艾滋病病情的发展。在疾病早期使用高效的抗逆转录病毒疗法，可以极大降低患者死亡率和减少患者所遭受的痛苦。

四、营养性致病因子

营养性致病因子包括营养不良和营养过剩。营养不良是全球主要的营养性致病因子。营养不良有多种形式，包括营养不足和微量元素缺乏。营养不足是指因各种原因不能获得足够的食物，导致个体消瘦和 / 或发育迟缓。营养不足会增加腹泻、麻疹、疟疾和肺炎等传染病的风险，而慢性营养不良可能会损害幼儿的身心发育。微量营养素缺乏指在饮食中缺乏重要的维生素和矿物质，导致亚健康和发育不良。这种情况在儿童和孕妇尤为多见。在全球儿童死亡中，1/3 以上归因于多方面的营养不良，包括母乳喂养不足、偏食或饥饿等导致必需营养素缺乏等。营养不足也会导致免疫系统受损且较难恢复，受累儿童更容易遭受感染，如肺炎、疟疾和麻疹等。

肥胖并发症

肥胖症病人高血压的发生率比正常体重的人高3倍。有些国家肥胖者的高血压发病率常达50%左右。

肥胖症患者常有高胆固醇血症，血脂也高，而血脂中具有明显保护血管作用的高密度脂蛋白浓度降低，而低密度脂蛋白则增高，胆固醇在冠状动脉管壁的沉积，形成冠心病。

肥胖者也易于发生糖尿病。体重超过标准体重20%以上，癌发病率男子增加16%，妇女增加13%。

此外，肥胖病人的慢性疾病如胆道结石、关节炎、静脉血栓形成、慢性支气管炎等的发病率也较高。

肥胖者由于动作反应迟钝，肢体不灵活，发生外伤的机会也增加。肥胖人作外科手术，一般伤口的愈合时间较慢，而且手术并发症的机会也随之增加。

向心性肥胖

营养过剩可造成超重，即肥胖。肥胖与不平衡或不健康的饮食习惯、缺乏运动有关，导致摄入热量过多。肥胖可导致饮食相关的非传染性疾病，如心脏病、高血压、脑卒中、糖尿病和癌症。

五、免疫性致病因子

免疫（immunity）被解释为机体免疫系统识别"自己"与"非己"，对自身成分产生天然免疫耐受，对非己（外来异物）产生排斥的一种生理性反应，具有免疫监视、防御、调控，以及维持机体内环境稳定、保护机体的作用。机体免疫有固有免疫（又称天然免疫）和适应性免疫（又称获得性免疫或特异性免疫）两种类型。适应性免疫又可分为B细胞介导的体液免疫和T细胞介导的细胞免疫应答。人体免疫系统一旦出现功能失调，便会引发疾病。免疫性致病因子——过敏原、病毒、细菌等，均可干扰人体免疫系统，使之过度激活或者抑制。例如，某些过敏原可导致人支气管哮喘；链球菌感染形成的抗原-抗体复合物可能引起肾小球肾炎；肝炎病毒引起免疫反应从而诱发肝细胞坏死等。化学性致病因子、生物性致病因子和营养性致病因子均可刺激、诱导机体反应性B、T细胞激活，引发自身免疫性疾病。

肿瘤免疫是当今医学科学界的重要课题，是研究肿瘤抗原、机体免疫功能与肿瘤发生、发展和转归的关系，机体肿瘤免疫应答和肿瘤细胞逃逸免疫效应的机制，以及肿瘤的免疫诊断和防治的科学。肿瘤抗原可以看作是一个重要的免疫性致病因子。根据肿瘤免疫的机制，科学家已发明一系列免疫治疗方法治疗肿瘤，包括嵌合抗原受体 T 细胞免疫疗法（chimeric antigen receptor T-cell immunotherapy，CAR-T）、PD1/PDL1 抗体疗法，均取得了一定的疗效，这些治疗方法也在不断改进、升级中。

2018 年诺贝尔生物学或医学奖授予在癌症免疫治疗方面作出贡献的两位科学家
（新华社记者叶平凡摄）

六、遗传性致病因子

遗传性致病因子主要由遗传物质（DNA）发生异常变化造成。一个生物体或细胞的遗传物质——基因组的 DNA 序列发生的可检测、可遗传的变化称为突变（mutation）。突变有多种类型，包括点突变、大片段缺失或插入，也包括染色体的变化。突变后的生物学效应包括改变了基因表达产物蛋白质的结构，或改变受累基因的表达方式或水平，或对基因产物及其表达方式没有任何影响。前两种改变均可影响其功能，产生不同的生物学效应。如果突变后产生的效应有利于生物体的生活和存活,即适应环境,并可通过生殖传递给子代,这种突变称为变异(variation)。变异是物种进化的基础。如果突变后不利于生物体生活或生存,与生态环境不协调,就会产生疾病,甚至死亡。

点突变直接引起的遗传性疾病可以是单基因遗传病。这样的疾病遵循孟德尔遗传学规律遗传给后代。可为常染色体显性遗传病、常染色体隐性遗传病和伴性遗传。如家族性腺瘤性结肠息肉病是常染色体显性遗传病,一旦父母一方发病,子女患病概率为50%。该疾病由被称之为APC的基因(一种腺瘤性结肠息肉病基因)突变造成,严重者可诱发结直肠癌。再如共济失调-毛细血管扩张症是常染色体隐性遗传疾病,由ATM基因(共济失调毛细血管扩张突变基因)发生突变引起。红绿色盲是最常见的X-连锁伴性遗传病。除了这种明显单基因的点突变可导致疾病外,某些点突变可能不会绝对地诱发疾病,但可使患某种疾病的风险增加。这样的突变在健康人群中也可以找到,我们称之为单核苷酸多态性。

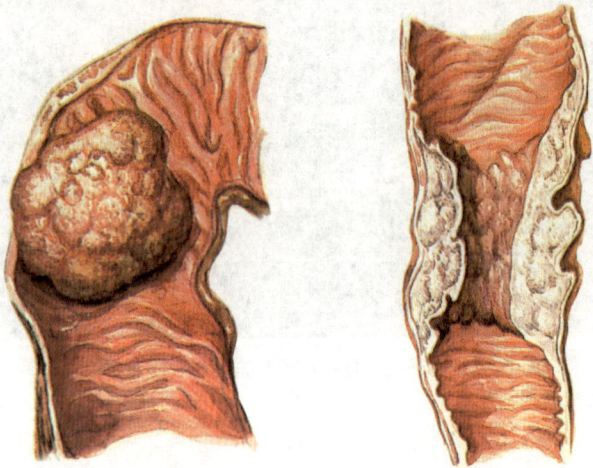

结肠腺癌浸润型息肉样

除DNA本身碱基序列的变化外,表观遗传调节机制遗传也可以成为遗传性致病因子。表观遗传指在基因的DNA序列没有发生改变的情况下,基因表达功能发生了可遗传的变化——异常的增强或减弱,最终导致了遗传表型的变化。它的主要形式是DNA甲基化、组蛋白修饰和非编码RNA对基因转录调控进行调节。

常见疾病

疾病有 4 种主要类型：传染性疾病、缺陷性疾病、遗传性疾病和生理异常性疾病。其中，遗传性疾病包括两组：一组是严格按经典孟德尔遗传模式遗传的单基因疾病，涉及特殊基因突变，如亨廷顿病、血友病、苯丙酮尿症等；另一组不按孟德尔遗传模式遗传，虽然可有遗传成分、家族集聚现象，但也可由环境因素引起，或由基因、环境双重因素引起，是多基因或多因子疾病，如葡（萄）糖 -6- 磷酸酶缺乏症、Rh 不相容、早老、先天性甲状腺功能低下等。疾病也可以按其他方式分类，如传染性疾病与非传染性疾病，或按疾病发生、发展模式分类，如急性病与慢性病、原发病与继发病。

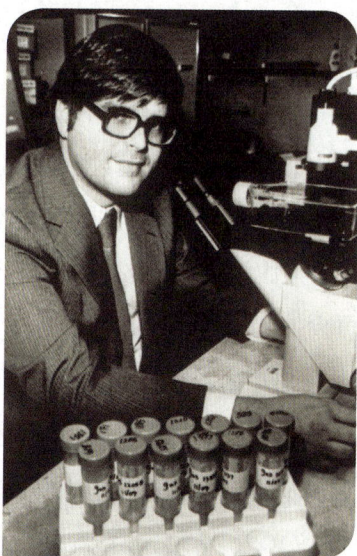

1983 年詹姆斯博士宣布一种能表明亨廷顿病基因存在的指示药物被发现。亨廷顿病是一种导致无意识行动、情绪失调和智力减弱的致命遗传性疾病

（新华社供图）

一、传染病

2010 年，WHO 重点统计的传染性疾病或主要疾病包括流感、霍乱、白喉、流行性脑炎、麻风病、疟疾、麻疹、脑膜炎、流行性腮腺炎、百日咳、鼠疫、脊髓灰质炎、风疹、新生儿破伤风、结核病等。此外，据 WTO 2000~2016 年的报道，包括肺炎在内的呼吸道感染、腹泻、结核病仍是最致命的传染病。

1. 肺炎　呼吸道感染包括肺炎、急性或慢性气管－支气管炎、支气管扩张等，由病毒、细菌、支原体、衣原体等微生物感染引起。其中，肺炎是全世界儿童因感染导致死亡的主要原因。据 WHO 2015 年统计资料显示，肺炎造成 920136 名 5 岁以下儿童死亡，占 5 岁以下儿童死亡人数的 16%。肺炎广泛影响各个国家和地区，但在南亚和撒哈拉以南非洲最为流行。肺炎由多种感染因子引起，主要是肺炎链球菌、b 型流感嗜血杆菌、呼吸道合胞病毒和耶氏肺孢子菌。肺炎主要通过飞沫在空气中传播，也可通过血液传播，尤其是在分娩期间及之后的阶段。此外，不同病原体引起的不同肺炎可能有不同的传播方式。研究、揭示传播途径对预防和治疗至关重要。

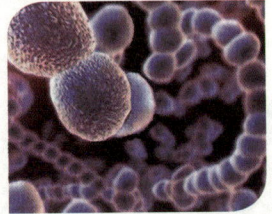

肺炎链球菌

多数健康儿童可通过自身的天然防御功能抵御感染，但免疫功能失调的儿童有患肺炎的较高风险。营养不良或营养不足可使儿童免疫系统虚弱，尤其是在非完全母乳喂养的婴儿中。使用生物燃料（如木柴或动物粪便）进行烹调或取暖造成的室内空气污染、居住条件拥挤、父母吸烟会使儿童更易患肺炎。因此，针对病原体的疫苗、充足的营养、降低室内污染、改善居住环境可大大降低儿童患肺炎的风险。

2. 腹泻　尽管 2000~2016 年因腹泻死亡的人数减少了近 100 万，但仅在 2016 年仍有 140 万人死亡。腹泻通常是胃肠道感染的一种症状——每天排泄 3 次以上稀便或水样大便，或者比个人正常排便次数更频。腹泻可由多种细菌、病毒和寄生虫感染引起。感染通过污染的食物或饮用水传播，或由于卫生条件恶劣在人与人之间传播。重症腹泻可持续数日，造成机体脱水和缺盐，而水分和无机盐是人体必不可少的。腹泻病引起严重脱水、水－电解质（即无机盐）及酸碱平衡失调，不及时纠正会导致死亡，是 5 岁以下儿童的第二大死亡病因。现在，脓毒性细菌感染等其他因素在所有腹泻相关死亡中所占的比例可能越来越高。营养不良或免疫功能低下的儿童最易受腹泻死亡的威胁。

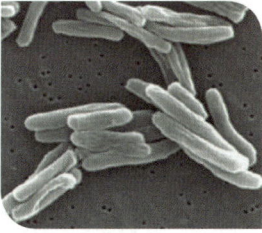

结核分枝杆菌

3. 结核病　结核病仍然是全世界十大致亡病因之一，2000~2016 年死亡人数为 130 万。结核病由经常感染肺部的结核分枝杆菌引起。结核病通过空气在人与人之间传播。当肺结核患者咳嗽、打喷嚏或吐痰时，就会将结核菌散布到空气中，人只需吸入少数几个细菌就会被感染。世界上大约 1/4 的人属于结核菌潜伏感染者（潜伏性结核），这意味着人们已经感染了结核菌，但未致病，也不会传播疾病。潜伏感染者在一生中因结核病而病倒的概率为 5%~15%。但是，艾滋病毒携带者、营养不良或糖尿病等免疫系统受损的人的患结核病的风险会极大增加。当潜伏感染者发展为活动性结核病时，一些轻微症状（如咳嗽、发烧、盗汗或体重减轻）可能会持续数月。这可能会延误就医，并将致病菌传播给其他密切接触者。

抗结核药物已经使用了数十年，对一种或更多药物产生耐药的菌株时有发生。抗结核病药物出现耐药性源于卫生保健提供者不正确使用，药品质量低劣，以及病人过早中断治疗。耐多药结核病是由对最有效的一线抗结核药物——异烟肼和利福平都没有反应的细菌感染引起的。二线药物可以治疗、治愈耐多药结核病。但二线治疗方案也有局限性，在某些情况下也可能出现更严重的耐药性。广泛耐药结核病更为严重，由对最为有效的二线抗结核药物没有反应的细菌感染引起，往往会导致病人无药可治。据 2017 年 WHO 估计，在新增的利福平耐药病例中，82% 的病例是耐多药结核病患者。耐多药结核病多发国有巴西、中国、印度、俄罗斯和南非。2016 年，对于那些没有二线结核病药物耐药菌株的耐多药结核病人，WHO 已经制定有短期（9~12 个月）标准化治疗方案；对广泛耐药或对二线抗结核药物出现耐药的病人不宜采用这一治疗方案法，而需采用更为长期的耐多药结核病治疗方案，可能还需要补充新型药物（达喹啉和德拉马尼）。

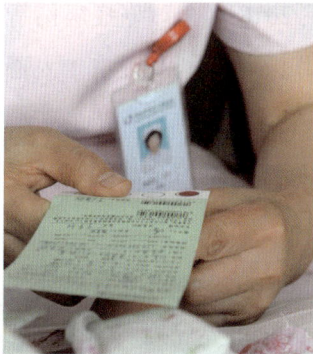

通过规范化的新生儿采血，可针对一些内分泌疾病进行初步筛查（新华社记者李紫恒摄）

二、内分泌遗传疾病

1. 单基因突变的内分泌遗传病符合孟德尔遗传规律，如家族性抗维生素 D（儿童）佝偻病或（成人）骨软化症，是一种家族遗传性肾小管功能障碍疾病，为 X- 连锁显性遗传性疾病，遗传缺陷（异常）主要是由 X 染色体的 PHEX 基因缺陷引起的，也可呈常染色体隐性遗传。

2. 染色体异常的内分泌疾病最典型的是唐氏综合征，即 21 三体综合征，又称先天愚型，是由 3 条 21 号染色体导致的疾病。60% 的孕期胎儿发生早期流产。唐氏综合征患者有明显的智能滞后、特殊面容、生长发育障碍，患各种健康问题的风险加大，包括心脏缺陷、呼吸和听力困难、甲状腺疾病，儿童期患急性淋巴细胞性白血病的风险比普通人群高 20 倍。

3. 复杂内分泌疾病常由 1 对以上的等位基因和环境因素共同作用引起，如 Ⅱ 型糖尿病、肥胖、骨质疏松症等。如果同卵双胞胎中的一个患 Ⅱ 型糖尿病，那么另一个患病的概率为 90% 以上；如果不是同卵双胞胎，患病的概率为 20%~25%。Ⅱ 型糖尿病常由多基因突变引起，多数基因都与胰岛的 β- 细胞功能相关。

三、癌

第二章已述及癌的概念，癌也可被解释为正常细胞发生的恶性转化。癌的发生经历多阶段过程。癌与肿瘤（tumor）不同，后者不发生转移。癌症患者可能出现的临床症候和体征包括特定部位发生团块或赘生物、异常出血、长期不明原因的咳嗽、无法解释或不明原因的消瘦、消化道（肠）运动异常，以及出现不同器官或组织相关的异常症候等。根据 2018 年的统计，全球发病率居前 6 位的顺次是肺癌、乳腺癌、结直肠癌、前列腺癌、皮肤癌和胃癌。癌可由多种原因——物理、化学及生物学致癌因素引起，也可以作为并发症在其他疾病基础上发生。在全球死于癌症的人群中，大约有 1/3 归因于多个行为和饮食习惯风险，其中位于前 5 位的是高体质指数（BMI）、低水果和蔬菜摄取、缺或少运动、吸烟和饮酒。此外，病毒感染也是某些癌症的首要因素，如肝炎病毒和人乳头状瘤病毒（HPV）。癌症可波及成人和儿童，但两个人群发生的癌谱和流行病学不同。

1. 成人期癌症　据世界卫生组织统计报告，仅 2018 年全球癌症病例新增 1810 万，死亡病例 960 万；全世界每 5 名男性和每 6 名女性中就有 1 人罹患癌症，每 8 名男性和每 11 名女性中就有 1 人死于癌症；全球近一半的新增病例和超过一半的癌症死亡病例发生在亚洲；欧洲癌症病例占全球的 23.4%；美洲占全球 21.0% 的发病率和 14.4% 的死亡率。

癌症发病率居于前三位的是肺癌、女性乳腺癌和结直肠癌。3 种癌症死亡率分别为第一、第五和第二。这 3 种癌症加起来占全世界癌症发病率、死亡率的 1/3。

多种因素造成癌症患者的增加，包括人口增长、老龄化，以及与社会和经济发展有关的某些癌症的流行病学变化，最后一种情况在经济迅速增长的区域尤其突出，反映了癌症从与贫困、感染相关向与工业化国家典型的生活方式相关的转变。值得庆幸的是，某些癌症（如北欧、北美的男性肺癌）发病率呈下降趋势，这与有效的预防工作有关。但女性肺癌发病率呈上升趋势，也是 28 个国家女性癌症死亡的主要原因。国际癌症研究机构癌症监测科主任弗雷迪·布雷（Freddie Bray）博士认为，《世界卫生组织烟草控制框架公约》规定的最佳实践措施有效地减少了主动吸烟和非自愿接触烟草烟雾（俗称二手烟）。然而，他提醒，有必要继续在世界各国实施有针对性的、有效的烟草控制政策。WHO 国际癌症研究机构在 2013 年的一项评估结论是，室外空气污染颗粒物成分与癌症，特别是肺癌发病率的增加有极密切的关系；室外空气污染与尿道 / 膀胱癌的增加也有关联。

2. 儿童期癌症　儿童期癌症较罕见，仅占癌症总数的 0.5%~4.6%。全世界儿童期癌症总发病率为每 100 万名儿童有 50~200 例。儿童期癌症状况与其他年龄组癌症差别很大。白血病通常约占儿童期癌症总数的 1/3。其他常见的恶性肿瘤是淋巴瘤、中枢神经系统肿瘤。有些肿瘤几乎全部发生在儿童中，例如，神经母细胞瘤、肾母细胞瘤、髓母细胞瘤、视网膜母细胞瘤，而成人多发的乳腺癌、肺癌、结直肠癌在儿童中极为少见。

迄今为止，仅查明几个明确的儿童期癌症风险因素，包括电磁辐射、怀孕期间摄入雌激素等。受遗传影响，个体易感性也可能起一定作用。已有研究表明，EB 病毒（人疱疹病毒 4 型）、乙肝病毒和艾滋病毒等病毒也可能会增加一些儿童期癌症风险。在发达国家，大约 80% 的癌症儿童在检出癌症后存活 5 年以上，随着存活率提高，需要后续治疗和护理的长期存活人群不断增多。相反，低收入和中等收入国家的患癌症儿童预后差，造成这一状况的因素包括癌症诊断较晚，医院缺乏药物和设备，初级卫生保健人员对癌症缺乏足够的认识。

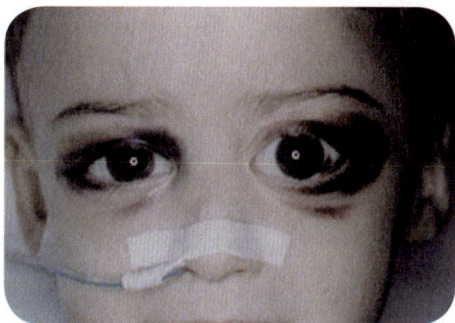

熊猫眼——儿童神经母细胞瘤表现之一

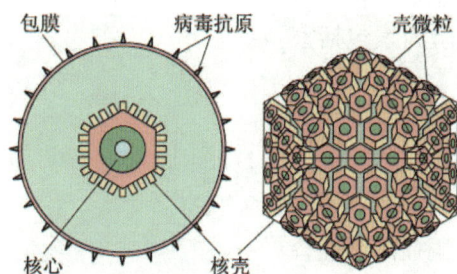

包膜　　　病毒抗原　　　壳微粒

核心　　　核壳

疱疹病毒结构示意图

四、代谢性综合征与糖尿病

1. 代谢综合征　又称胰岛素抵抗综合征或 X 综合征，这是因为"代谢综合征"作为一种临床诊断的疾病，其标准仍然存在矛盾、不完全和争议。有人主张，代谢综合征可有 5 个主要临床表现——向心性肥胖（即大腹）、高血压、高血糖、高血清甘油三酯及低血清高密度脂蛋白；病人至少满足其中的 3 项，即可诊断为代谢综合征。然而，美国糖尿病学会和欧洲糖尿病研究学会发布联合声明，提出 8 条主要标准用于诊断代谢综合征。美国心脏学会对代谢综合征又有不同的解释。无论如何，不同的诊断标准反映了一个普遍的共识：代谢综合征是与Ⅱ型糖尿病、心血管疾病发生密切相关的风险因素。

2. Ⅱ型糖尿病　是一种以高血糖、胰岛素抵抗而又相对缺乏胰岛素为主要特征的长期代谢紊乱性疾病。这种疾病普遍临床症候是烦渴、多饮、多尿和体重减轻（常谓之为"三多一少"），此外，患者经常感觉饥饿、乏力、皮肤易损伤而不易愈合。常见的高血糖引起的并发症包括心脏病、脑卒中、糖尿病视网膜病、肾衰竭等，甚至肢体缺血（坏死）而不得不接受截肢术。可突发高渗高糖状态，但酮症酸中毒并不常见。

Ⅱ型糖尿病多发生在中、老年人，但在现代社会中青年人患Ⅱ型糖尿病人数呈上升趋势。Ⅱ型糖尿病大多原发于肥胖和缺少运动，有些病人有家族史。这类原因引起的Ⅱ型糖尿病占 90%，其余 10% 由Ⅰ型糖尿病和妊娠期糖尿病转变而来。常用的临床诊断包括空腹血糖测定、（葡萄）糖耐受试验及糖化血红蛋白（HbA1C）测定。

3. Ⅰ型糖尿病　与Ⅱ型糖尿病不同，Ⅰ型糖尿病是一种由胰岛分泌很少或没有胰岛素的糖尿病，发病率约占所有糖尿病病例的 5%~10%，多发生在青少年。血糖及糖化血红蛋白水平升高。患者最典型的临床症状是尿频、口渴、饥饿和体重减轻。其他症状可能包括视力模糊、感觉疲劳和伤口愈合不良。Ⅰ型糖尿病的病因尚不清楚，可能与基因和环境因素相关。潜在的发病机制涉及胰岛中产生胰岛素的细胞发生自身免疫破坏。患病风险因素包括家族史、高糖饮食等。

目前还没有预防Ⅰ型糖尿病的良方。患者通常需要胰岛素治疗。糖尿病患者的饮食和锻炼是治疗的重要组成部分。如果不及时治疗，糖尿病会引起许多并发症。发病较快的并发症包括糖尿病酮症酸中毒、非酮症高渗性昏迷。长期并发症包括心脏病、脑卒中、肾衰竭、足溃疡和眼睛损伤。

五、高血压

高血压是一种体循环动脉系统血压持续升高的长期慢性疾病。正常血压用两个测量值表示，分别代表动脉的收缩压和舒张压。对大多数成年人来说，正常的静止血压为 100~130 毫米汞柱的收缩压和 60~80 毫米汞柱的舒张压。超过正常人群范围，收缩压 ≥ 140 毫米汞柱，舒张压 ≥ 90 毫米汞柱，可诊断为高血压。根据其发生机制，高血压分为原发性高血压和继发性高血压两种。

原发性高血压又称高血压病，约 90% ～ 95% 的高血压病例属于原发性高血压。原发性高血压发病原因复杂，目前尚不十分明确。普遍认为高血压是由多种因素引起的，与多（个）基因相关，涉及个人的特质、生活方式、工作环境以及遗传因素。生活方式增加高血压的危险因素包括饮食中过多的盐、糖及吸烟和饮酒。高血压病有家族遗传倾向。一般的血压升高通常不会引起病理变化，但高血压是冠心病、脑卒中、心力衰竭、房颤、周围血管疾病、视力下降、慢性肾病、痴呆的主要危险因素。改变生活方式和药物治疗是降低血压的解决方法，可降低相关并发症的风险。改变生活方式包括减肥、体育锻炼、减少酒精摄入量和健康饮食等。如果改变生活方式还不足以降低血压，那么就要服用降压药。药物治疗中度动脉高压与提高预期寿命有关。高血压影响着全球 16%~37% 的人口。

约 5%~10% 的高血压病例为继发性高血压，是以其他疾病为基础疾病引起的高血压，如慢性肾病、肾动脉狭窄、内分泌失调等。

六、脑卒中

脑卒中系因脑血流不足导致脑细胞（神经元）死亡，表现某些特异的临床症候和体征的一类疾病。脑卒中有两种主要类型——缺血性脑卒中和出血性脑卒中。两种脑卒中都会导致部分脑的功能失常。脑卒中的体征和症状与脑的缺血或出血的部位相关，症状可能包括偏瘫或感觉缺失、理解或说话困难、头晕或单侧失明。这些体征和症状常在脑卒中发生后即刻出现。出血性脑卒中也可能伴有严重的头痛。脑卒中的症状如果没有得到及时干预，很可能成为永久性的症状。

引起脑卒中的主要危险因素是高血压，其他危险因素包括吸烟、肥胖、高胆固醇、糖尿病、房颤等。缺血性脑卒中通常由血管堵塞引起。出血性脑卒中是由于血液直接进入大脑或进入大脑膜间隙引起的，原因可能由于脑动脉瘤、高血压、动脉硬化、血液病等。脑卒中的诊断通常基于身体检查及医学影像学检查。影像学检查包括计算机 X 射线断层摄像（CT）扫描、核磁共振成像（MRI）扫描等。

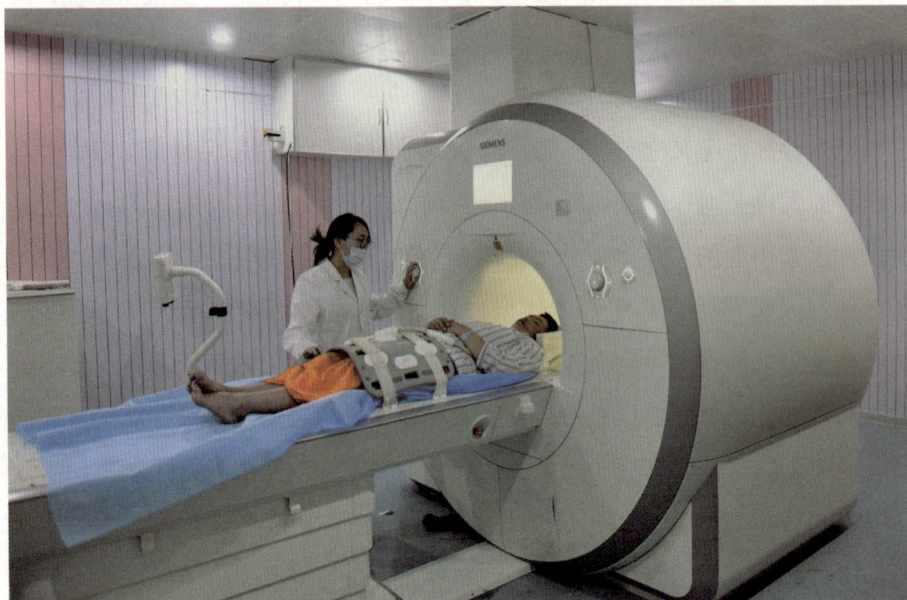

核磁共振成像
扫描系统

据统计，2013 年全球约有 690 万人患有缺血性脑卒中，340 万人发生出血性脑卒中。2015 年，中国约有 4240 万人曾患脑卒中。1990～2010 年间，发达国家每年发生的脑卒中病例数减少了约 10%，而发展中国家增加了约 10%。2015 年，脑卒中成为仅次于冠状动脉疾病的全球第二大死亡原因，占总死亡人数的 11%。大约有一半的脑卒中患者存活不到一年，其中 2/3 发生在 65 岁以上的人群。事实上，脑卒中是可以治疗和预防的。预防措施包括减少危险因素及遵医嘱服用药物。对已发生脑卒中的患者实施急诊救治，针对疾病及卒中性质，手术治疗可以缓解症状，减少或减轻后遗症。无论是缺血性脑卒中还是出血性脑卒中，在紧急干预后都需要进行康复训练，恢复功能。

七、睡眠障碍

睡眠障碍或称睡眠病，是一种人或动物睡眠模式的医学障碍。一些常见的睡眠障碍包括睡眠呼吸暂停、嗜睡症（在不适当的时间过度嗜睡）、突发性睡眠障碍（清醒时肌肉张力突然和短暂丧失）和昏睡病（感染导致）。其他障碍包括梦游、夜惊和尿床。一些睡眠障碍严重到足以干扰正常的生理、心理、社交和情感功能。从磨牙到夜惊，各种各样的问题都可能导致睡眠中断。当一个人在没有明显原因的情况下入睡困难和 / 或无法入睡时，称之为失眠。睡眠障碍常见于 65 岁以上的男性和女性。大约有一半的人称曾经有过睡眠问题，常见的诱因包括药物、衰老，以及生理问题和压力。

八、精神障碍

全世界所有国家的精神疾患人数持续增加，在社会、经济方面造成严重后果。

1. 抑郁症　一种常见的精神疾患，全球各年龄层共有约 3 亿人患有抑郁症。受其影响的女性多于男性。抑郁症的特点是感觉悲伤，丧失兴趣或愉悦感，有负罪感或自我价值感低，睡眠紊乱或食欲不振，感到疲倦，注意力不集中。患者还可能自称有多种身体不适，但没有明显的身体病因。抑郁症可能长期持续或反复发作，严重时影响正常工作、学习和日常生活能力。抑郁症最严重时可能有自杀倾向。轻度到中度抑郁可以通过专业谈话疗法——认知行为疗法、心理疗法得到有效治疗。抗抑郁药可有效治疗中度到重度抑郁，但不是治疗轻度抑郁的首选。抗抑郁药不应用于儿童抑郁症的治疗，也不是治疗青少年抑郁症的首选，总之，对青少年应谨慎使用抗抑郁药。

2. 双相情感障碍　全世界有约 6000 万人受这种障碍影响。它通常含有躁狂期和抑郁期，之间有情绪正常期。躁狂发作时，情绪亢奋或烦躁，过度活跃，急于表达，自尊心膨胀，睡眠需求减少。有躁狂期而无抑郁期的人也被归为双相情感障碍。采用稳定情绪的药物是治疗双相情感障碍急性期、预防复发的有效方法。社会心理支持是治疗的重要组成部分。

3. 精神分裂症和其他精神卫生障碍　包括精神分裂症在内，精神病的特点是思维、观点、情绪、语言、自我意识和行为出现扭曲。常见的精神卫生障碍的经历包括幻觉（听到、看到或感觉到不存在的事物）和妄想（就算有相反的证据仍坚定持错误的信念或怀疑）。精神疾患让受其困扰的人面临工作、学习的困难。精神分裂症是严重的精神疾患，在全世界影响着约 2100 万人。精神分裂症通常始于青春期后期或成年早期。药物治疗和社会心理支持都是有效的治疗手段。适当的治疗和社会支持可使患者过上有质量的生活，融入社会。严重的精神疾患患者经常面临维持正常就业或获得住房机会的困难。为他们提供辅助的生活便利，以及住房、就业支持是帮助精神分裂症患者、严重精神疾患患者康复的基础。

4. 痴呆症　全世界受痴呆症影响的人有逾 4750 万。痴呆症通常是慢性或持续进行性的，患病后认知功能（思维处理能力）出现比正常年老过程更严重的退化。它影响记忆、思考、方向辨别、理解、计算、学习、语言和判断能力。除认知功能受损外，通常还伴有情绪控制、社会行为能力退化或积极性衰退。多种影响大脑的疾病或伤害都能造成痴呆症，如阿尔茨海默病（AD）、脑卒中。尽管目前没有治疗方法可以治愈痴呆症或改变其持续发生的进程，但许多治疗方法已处于临床试验的不同阶段。对这类患者还有很多工作需要开展，以支持和改善痴呆症患者及其照护者和家人的生活。

5. 发育障碍　涵盖了智力残疾和包括自闭症在内的广泛性发育障碍。发育障碍通常始于儿童时期，但往往持续进入成年期，导致与中枢神经系统成熟有关的功能损伤或延迟。发育障碍通常病程稳定，不像许多其他精神疾患有分为缓解期和复发期的特点。家人的照护对患有发育障碍的人十分重要，科学的照护工作或服务也是必需的。

九、白内障

白内障通常发展缓慢，其症状包括视力模糊、强光障碍和夜间视力障碍等。由白内障引起的视力不佳也会增加跌倒和抑郁的风险。全球一半的失明病例和 33% 的视力障碍是由白内障引起的。白内障最常见的原因是年龄增长，但也可能是由于外伤或辐射暴露，还有些白内障是先天因素造成的。此外，危险因素还包括患糖尿病、吸烟、长时间暴露在阳光下和饮酒。其潜在的机制涉及晶状体中蛋白质或黄褐色色素团块的积累，影响光线向眼睛后部视网膜的传输。辐射导致的白内障可以预防，预防措施包括戴太阳镜，早期症状也可通过佩戴太阳镜改善。手术摘除浑浊的晶状体、用人工晶状体替代是有效的治疗方法。

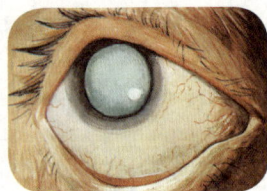

白内障

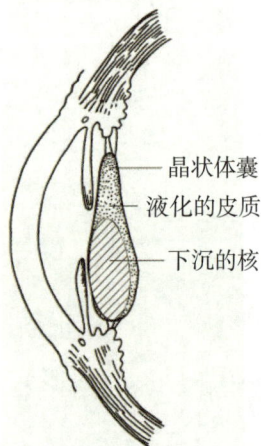

晶状体囊
液化的皮质
下沉的核

过熟期白内障

十、听力损失

听力损失程度分为轻度、中度、重度和极重度。听力损失可波及单耳或双耳。成人残疾性听力损失指双耳最好的一侧听力丧失超过 40 分贝，儿童听力丧失超过 30 分贝。听力损失人群中约 1/3 为 65 岁以上老年残疾性听力损失。听力损失和耳聋有先天性和后天性、遗传性和非遗传性遗传因素。先天性听力损失也可能由妊娠和分娩过程中的某些并发症引起，包括孕妇感染风疹、梅毒或其他某种感染、低出生体重、出生窒息、妊娠期不当使用药物、新生儿严重黄疸等。后天性原因可能导致在任何年龄发生听力损失，通常是一些感染性疾病如脑膜炎、麻疹和腮腺炎等传染病及耳内积液（中耳炎）。使用某些药物也具有耳毒性。此外头部或耳部受伤、大量噪音、老龄、异物阻塞耳道等都是后天性原因。

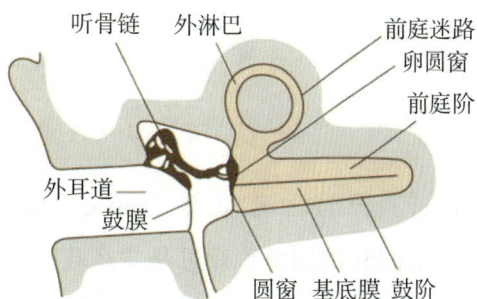

听骨链　外淋巴　　　　前庭迷路
　　　　　　　　　　　卵圆窗
　　　　　　　　　　　前庭阶

外耳道
鼓膜

圆窗　基底膜　鼓阶

听觉器官结构模式图

听力损失得不到处理的耳聋儿童会出现语言功能发育迟缓，影响儿童的学业表现。听力损失者与人沟通困难，对日常生活、工作造成重大影响，导致孤独、孤立和沮丧感，这类人群更需要家人及社会的关怀。因此，通过公共卫生和医疗采取针对性措施预防听力损失极为重要。

疾病的病理学诊断基础

病理学（pathology）源自古希腊文"πάθος"与"-λογία"的组合，"πάθος"（相当于英文 pathos 的词根）意思是"经验"或"痛苦"，"-λογία"（英文 -logia）意为"研究"。从这一术语的产生我们可以理解，病理学是研究疾病发生和结局因果关系的一门学科。病理学范畴很广，在生物学领域除了普通病理学（general pathology），还有植物病理学、动物病理学、人体病理学等，广泛涉及生物科学研究领域和医学实践。然而，在生命科学，特别是现代医学迅猛发展的背景下，按人体结构层次及研究手段又有大体（gross）、组织或细胞以及分子病理学。病理学检测作为现代医学诊断不可或缺的手段，已经发展成为现代临床医学一个特殊的领域——临床病理学专业。服务于临床诊断的病理学检查包括大体解剖（即解剖病理学），组织、细胞、体液样本的生物化学分析、（免疫）组织化学分析、光学或电子显微镜的物理分析，以及基因或 DNA 分子水平分析。通过各种分析达到精确诊断疾病、发现病因、预测结局或监测疾病实际进展或疾病状态。当然，病理学在法医学也大有用武之地。

疾病的病理学检查、诊断策略如下述。

一、解剖病理学临床检查与诊断

临床尸体解剖检查主要是通过对逝者的体表、体腔和器官进行解剖病理学检查，以明确疾病诊断和死亡原因。此外，临床尸体解剖还能确认或发现逝者患有的其他疾病，用来确保医院的医疗、护理标准和管理手段。另外，很重要的是，这对传染病爆发期间区别疑似的传染病与非传染病，制定有效预防措施，防止传染病的大范围流行具有重要意义。

一般情况下，临床尸体解剖必须在逝者家属知情同意的情况下进行；但对于涉嫌刑事案件或一些法律纠纷的情况，按相关法律程序执行。

二、外科病理学与组织病理学活体组织检查

外科病理学是大多数解剖病理学家的主要实践领域，包括通过外科标本的大体和显微镜检查，为外科医师和其他医师提交活体组织检查报告。报告通常涵盖组织学内容和／或宏观描述。活体组织检查包括通过组织切片、组织化学染色或其他实验室检测手段对组织的分子特性进行评估。其目的主要是给出正确的病理诊断，指导医生对病人进行治疗。活体组织切片是为了进行病理分析而切除的一小块组织。部分切除或穿刺样本是活体组织检查的主要病理分析对象。部分切除的方法可以包括切口活检、刮取和内窥镜引导下钳取。切口活检是通过切除部分可疑病变的诊断性手术程序获得的，类似于治疗性手术切除。穿刺活体组织检查是通过使用大口径针头获得的。

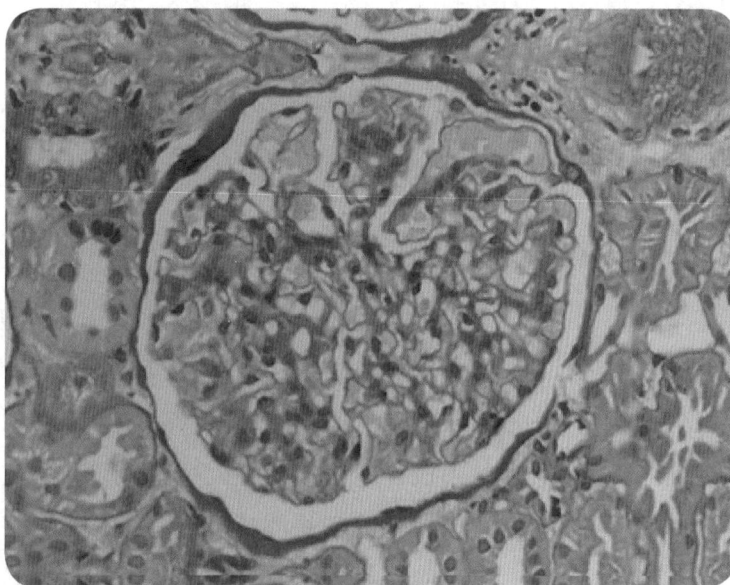

肾穿刺样本组织化学染色的活体组织检查

宏观的病变描述通常通过摘除活体组织检查获得。摘除活体组织检查是在外科手术治疗时将整个脏器或病变摘除进行的活体组织检查。这类宏观活

体组织检查包括将整个器官病变的外观、位置和范围进行详细记录，这种检查比各种影像学检查更精准，是对病变范围甚至治疗情况的准确判断。

病理学家对活检的解释对于区分不同类型和级别的癌症，以及确定癌组织中特定分子的活性十分重要。

三、细胞病理学检查与诊断

细胞病理学检查又称涂片检查。研究对象是对体腔、分泌物、黏膜脱落细胞、组织印片和针吸获得的细胞在光学显微镜下进行疾病诊断的方法，检查细胞内异常状况，研究疾病发病原理，以及疾病发生过程中细胞的形态功能发生改变的规律，从而提出诊断和防治疾病的依据。

细胞病理学检查依赖细胞获取技术。其中表皮脱落细胞是容易取到的检测样本，可通过收集随机自然脱落的细胞，也可以通过人为刮/刷获取。机械剥离的例子包括支气管刷，即将支气管镜插入气管，通过从气管表面刷取细胞并进行细胞病理学分析，评估病变。目前支气管、胃镜等已发展成为无痛、微创技术。沉积物的细胞样本是从经过处理活检或尸检标本的固定剂中采集的，最终通过涂片方式观察。介入细胞学是通过一定手段介入体内获取细胞的方法，包括采用细针穿刺及通过细针套管的微取芯从病变组织获取细胞。目前，穿刺技术已发展到在超声或CT扫描辅助、指导下对体内深层病变组织进行取样。取样及诊断技术不断改进，如今医学家们已经可以通过提取微量细胞来诊断疾病。

四、分子病理学的基因检查与诊断

分子病理学是现代病理学发展的方向和热点。分子病理学家认为，大多数疾病的基础是基因（DNA）结构或基因表达异常。例如，前面谈到的家族性结肠腺瘤性息肉病是一种常染色体显性遗传病，表现为在十几岁时开始出现多数结肠腺瘤，几乎全部患者最后发展成结肠癌。该病源于位于5号染色体长臂的APC基因的突变。分子病理学可检测基因结构、序列或表达异常，确认其与疾病分期、分级、预后的关系。分子病理学发展飞速，从传统的聚合酶链式反应（PCR）、荧光原位杂交等方法，发展到今天的DNA芯片（基因芯片）、二代或深度测序、单分子光学图谱等高通量技术检查，全面覆盖从基因组图谱到表达谱，为疾病诊疗提供重要的指导及支持。例如，儿童神经母细胞瘤，MYCN 基因扩增和 TERT 基因重排是其预后不良的重要分子指标。医学家可以通过传统方式检测已知基因组 DNA 的突变，也可以通过二代测序、光学图谱等方法，既可检查到已知基因组突变，又可获得病例独特的突变，为该肿瘤的个性化诊疗提供支持。

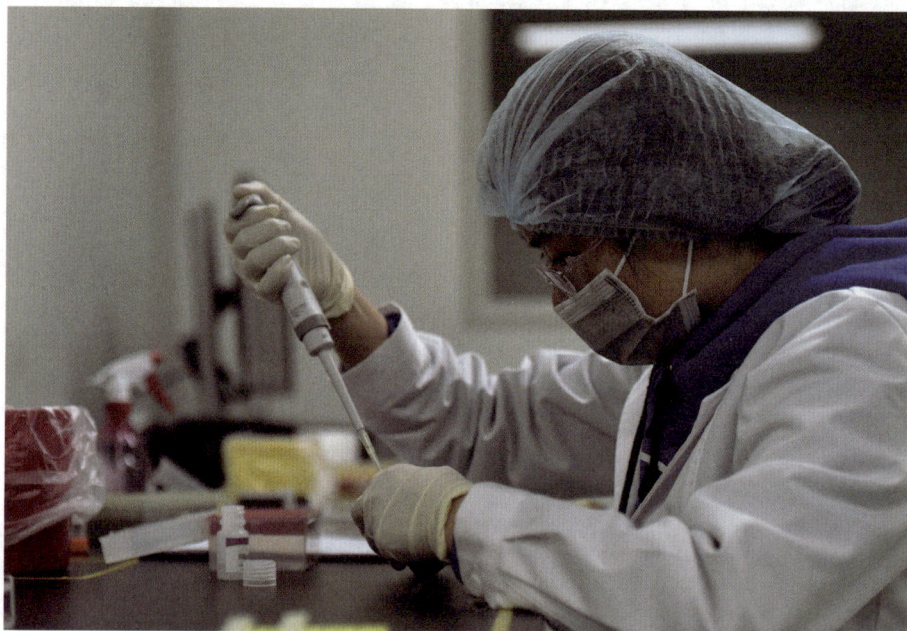

技术人员在进行基因扩增反应前的步骤（新华社记者黄宗治摄）

05

神经与脑

神经科学简史

一、"从心到脑"——西方对脑的认识过程

人类对脑的探索已经有了漫长的历史，从思维体系上经历了唯心论、机械唯物论和辩证唯物论三个阶段。

（一）古希腊时期对心、脑功能的争论

早在公元前1700年，古埃及人就已有实施颅骨环钻术释放颅内压治疗头痛或神经疾病的记载，说明那时的埃及人对脑损伤已经有了一定的认识。当古埃及人在制作木乃伊、取出脑时，他们就已经认识到脑是头盖骨形的柔软组织。但是，当时他们并不认为脑是智慧的源泉，"心脏是智力的中心"这一观念在古希腊医师希波克拉底（Hippocrates）以前始终未遭遇任何质疑和挑战。古希腊的早期哲学和医学承袭了美索不达米亚时期（即曾经先后出现在底格里斯河、幼发拉底河流域的苏美尔、巴比伦和亚述王朝时期）的观念，还停留在神话阶段，相信"一切皆由超自然力引起"。

苏格拉底

公元前7~4世纪，古希腊的小亚细亚出现了一大批哲学家和科学家，如塔利斯（Thales）、比塔格拉斯（Pythagoras），以及后来的苏格拉底（Socrates）、柏拉图（Plato）和亚里士多德（Aristotle）等。这些大思想家流派不同，思想各异，带动了哲学、艺术、文化和医学的发展，也开启了对脑的认识。希腊医师希波克拉底认为，人的重要感官眼、耳、鼻和喉舌均长在头上，离脑最近，因此脑不仅是感觉的位点，而且也是人的意识、思维和智慧的源

柏拉图

希波克拉底

古希腊医师，西方医学的始祖，被称作"医学之父"。生于爱琴海的科斯岛，卒于拉里沙。柏拉图、亚里士多德、加伦、索拉努斯等人的著作中有对他的描述。他出身世医家庭，跟德谟克利特有过交往，因爱国而拒斥异邦国王的嘉奖，在雅典扑灭过大瘟疫。西方第一部医学专著以他的名字命名——《希波克拉底文集》。现存 60 余篇论述。每篇的长短、风格、观点各异，该书并非一人一时之作。大部分写于公元前 5 世纪下半叶至公元前 4 世纪下半叶。文集特点是：①通过体内实存物"体液"解释疾病。否定错误观念。②把宇宙的本体论探索与人体观念区分开来。③强调环境对健康的影响，重视预防，重视心理精神因素对病人的影响。④提出"转变期"和"自愈"的概念，反对用峻烈药物，强调护理和食疗。⑤对症状描述较细，重视通过症状判断预后。⑥最早开始用动物实验去研究人的生理现象（如给猪灌有色水然后解剖观察喉部着色）。文集中有"希波克拉底誓言"一篇，反映医师与病人、学徒与医师之间的道德规范，对后世医德教育有长远影响。

希波克拉底

阿拉伯人描绘的《亚里士多德授课图》（8 ~ 11 世纪）

泉。苏格拉底也认为灵魂起源于脑。后人将人体看作一个整体，而不是各种器官机械的组合，甚至将人与环境协调统一，这些辩证唯物主义的认识不能不说是受希波克拉底的医学观念的影响。尽管如此，当时对"人的思考器官到底是心脏还是脑"仍有很大争论。苏格拉底的学生、哲学家兼医学家柏拉图继承了老师的思想，也认为髓是思想、感觉的中心。然而，柏拉图的弟子、思想家亚里士多德却因受"自然创物"的影响，又缺乏对生理学的正确认识，错误地认为脑髓不是重要的器官，心脏才是重要器官，是感觉活动的根源，他还认为生物非生物的区别在于精神、灵魂是否存在。

（二）盖伦的实证医学和阿拉伯医学对脑功能研究的贡献

关于"心和脑究竟谁是灵魂的中心"的争论经历了一段漫长时期的实践检验。公元 2 世纪，著名希腊医师、哲学家盖伦出生在小亚细亚爱琴海边的珀加蒙，那里是希腊文化的繁盛地。盖伦曾云游四海，到过古埃及的亚历山大港，回到珀加蒙后作了斗兽人的医师，后来做宫廷御医，懂得人体结构。有了这些经验和经历，盖伦认识到并主张"要懂得医学，就得研究解剖学和生理学"，还要进行实验研究，即实证。他观察到，斗兽人脑损伤会昏迷、丧失意识，于是他开始进行猿和狗的解剖，证明了肌肉内有结缔组织和神经分支，而不单单是一种肌肉组织。他还做了切断感觉器官神经的实验，发现这些感觉神经与感觉有关。此外，他还注意到了身心疾病的发生，特别强调心理疗法。盖伦发扬光大了希波克拉底的医学学说，成为希腊医学的一盏明灯。希波克拉底和盖伦的医学论著以及以他们为代表的希腊医学影响了西方医学有 1500 年之久。尽管当时盖伦以猿和狗为解剖对象得到的有关人体结构某些概念是错误的，但是他的实证医学以及他所成就的古代医学研究带动了后来的解剖学、生理学、药理学、神经科学，乃至认知学和逻辑学的发展。

盖伦

　　盖伦所处的公元 2 世纪正是古罗马帝国逐渐势衰的时期。公元 4 世纪，罗马帝国分裂为东罗马（拜占庭帝国，首都君士坦丁堡）、西罗马帝国（首都罗马）。希腊属东罗马帝国，盖伦的实证医学随拜占庭东方色彩的文化流传到阿拉伯。公元 10 世纪，波斯医师、天文学家、思想家、作家阿维森纳（Avicenna）著书《医典》，涵盖了解剖学、生理学、病理学、治疗学、制药学、卫生学等内容。在解剖学和生理学部分，阿维森纳特别论述了大脑和神经的作用。盖伦的实证医学后来重返欧洲。公元 10~17 世纪，除了阿维森纳，还有很多东方（指当时的小亚细亚及中东阿拉伯地区）和西方医学家，如阿拉伯医师、化学家阿布卡西斯（Abulcasis），阿拉伯医师、诗人阿文祖尔（Avenzoar），西班牙裔犹太哲学家、医师迈蒙尼迪斯（Maimonides）等活跃在阿拉伯医学界，在医学实践中揭示了很多与脑功能相关的医学问题。

（三）欧洲文艺复兴时期的实证医学为脑科学所做的贡献

　　因为中世纪（公元 476~1453 年，从西罗马帝国灭亡到东罗马帝国首都君士坦丁堡陷落这一时期）的欧洲崇尚神学，所以那时的文艺和自然科学（包括医学）进步都不大。1096~1269 年，阿拉伯文化给欧洲文化带来新的刺激与不同的色彩。1453 年，奥斯曼帝国灭亡东罗马帝国，使希腊的很多学者向西来到亚平宁半岛。文艺复兴始于 14 世纪，发祥地以北意大利为中心。此时，瑞士医生帕拉塞尔萨斯（Paracelsus）对癫痫做了重要的研究，认为麻痹和语言障碍与头部的伤害有关。

　　提到文艺复兴，不能不提多才多艺的意大利人莱奥纳多·达·芬奇（Leonardo Da Vinci），这是因为他的著名画作《蒙娜丽莎》和《最后的晚餐》几乎无人不知、无人不晓。达·芬奇的兴趣爱好广泛，不仅美术技艺精湛，还精通天文、地理、工程及建筑设计、数学、历史、文学、写作、音乐、植物学以及动物和人体解剖学。文艺复兴时期人体解剖学、实证医学得到极大发展。基于尸体的解剖和观察，达·芬奇在他的草图中描绘的人体皮肤、肌肉、骨骼、胚胎和神经系统甚至与现今解剖学知识相差无几。这时期还有荷兰裔意大利解剖学家、医师维塞利乌斯（Vesalius），法国哲学家、数学家笛卡尔（Descartes）和荷兰生物学家、显微镜专家简·斯万莫尔登（Jan Swammerdam）也先后通过实证医学为神经科学的奠基做出了极大贡献。

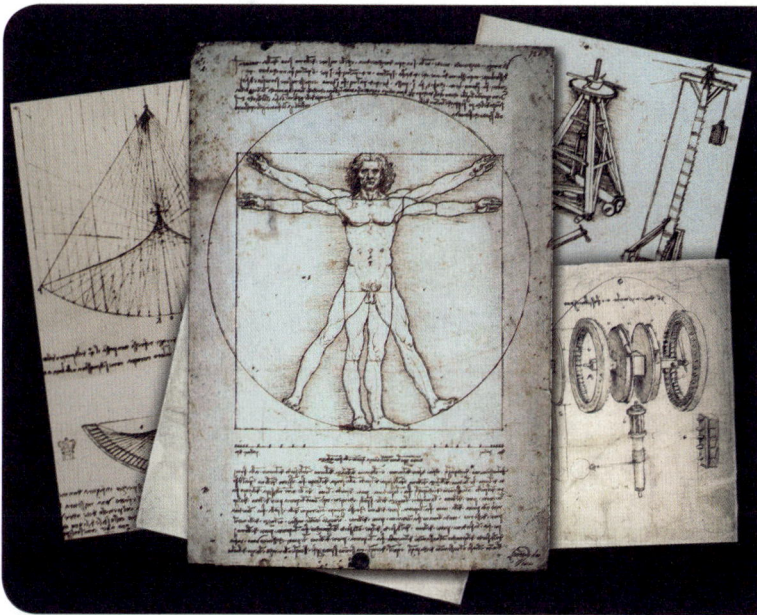

达·芬奇的一些手稿

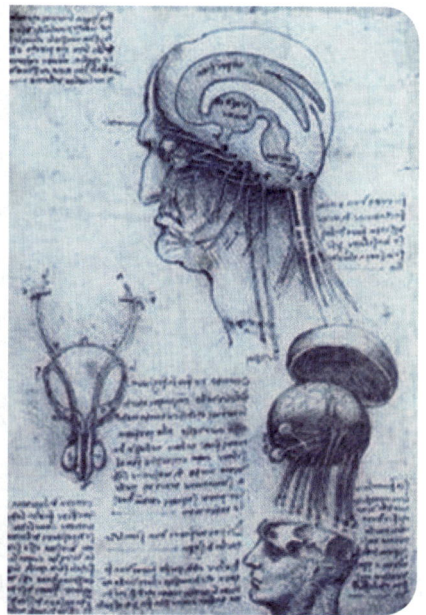

达·芬奇的人脑及颅骨草图

（四）脑和脊髓是神经系统的中枢

17世纪，笛卡尔提出了"动物体是机器"的观点。他特别重视神经系统，指出神经是联络维持身体活动的力量。尽管他只用机械的观点来解释生命的现象是不对的，但神经确实是联络身体活动的中介。18世纪瑞士解剖学家、生理学家、自然主义者、诗人，人称生理学之父的阿尔布莱特·冯·哈勒（Albrecht von Haller）重点研究了神经系统的生理功能。他发现皮肤和某些脏器组织本身只有借助神经的帮助才会产生感觉，他在大量损害动物脑神经的实验观察之后，得出"一切神经集中于脑，大脑是神经中枢所在地"这一结论，他还认为脑皮质是完成大脑功能的主要物质基础。此后不久，苏格兰外科学家查理斯·贝尔（Charles Bell）发现脊髓前、后角有不同的功能，一个负责感觉，一个负责运动。

（五）揭开脑区的中枢性功能

19世纪自然科学和技术发展很快，出现了被恩格斯称之为19世纪自然科学的三大发现：进化论、细胞学说、能量守恒和转化定律。细胞学说，即"细胞产生细胞"，是由德国社会医学家、病理学家鲁道夫·魏尔肖（Rudolf Virchow，又译为鲁道夫·菲尔绍）提出的，他创建了细胞病理学，认为器官的病变就是细胞的病变，并首先发现了脑栓塞对脑产生损伤。

19世纪以后，实验医学兴起，比较解剖学家、生理学家约翰尼斯·彼得·穆勒（Johannes Peter Müller）发现刺激与感觉的关系，这是一项非常重要的发现。如电刺激、温热刺激、机械刺激分别施加给视神经，都会产生光的感觉；反之，若以一种刺激分别施加给味觉、视觉、听觉、嗅觉器官，则这四个感觉器官分别感受到味觉、视觉、听觉、嗅觉。

到19世纪中叶，外科学终于摆脱了"只是理发、拔牙、处理脓包或外伤等污垢手艺"的世俗认识，与内科学齐名，并引进了"无痛手术"的科学概念，与麻醉学齐头并进。由于一氧化二氮（笑气）、乙醚等全身麻醉药的应用，外科手术刀已经可达腹腔、胸腔，甚至脑。在这期间，脑研究的一些先驱利用脑的某一特定部位因疾病和损伤受到破坏的病例，观察行为上的明显缺陷，从而获得了关于大脑功能的重要信息。法国神经病学家、解剖学家和人类学家鲍尔·布鲁卡（Paul Broca）研究了一例失语症：病人能理解语言，没有运动缺陷，也能唱曲子，但其有语言障碍，只能说出孤立的单词，话不成句，总之病人是"能懂不能说"，病人去世后的尸检结果表明，其大脑额叶的后部有明显损伤，这个区域后来被称之为Broca区。布鲁卡还发现，所有失语症患者脑损伤均见于左侧，若大脑右侧相应区域受到类似损伤，语言功能仍保持完整。于是他得出结论：我们人类用大脑左半球控制说话行为。这是有关脑功能的最著名原理之一。后来，德国解剖学家、心理学家、病理学家、医师卡尔·沃内克（Carl Wernicke）发现了另一种失语症——能说不能懂，其发音和语法都正常，但理解语义异常，表达的意思十分离奇。沃内克发现，这种患者大脑损伤区在颞叶的后部，恰与枕叶交界。这个区域现在称为Wernicke区。

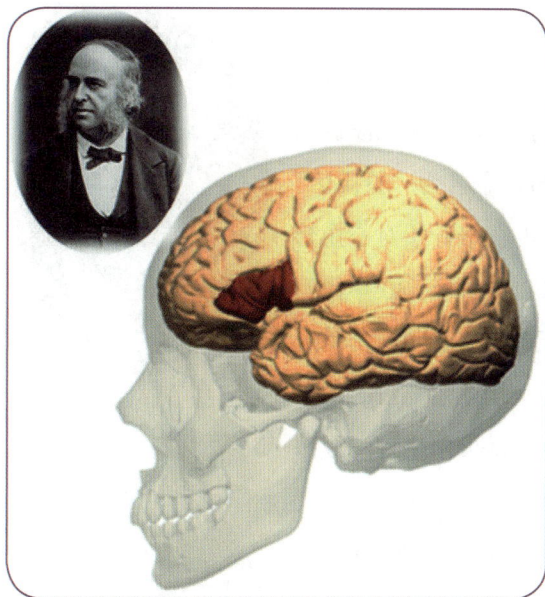

Broca 区（红色部分）

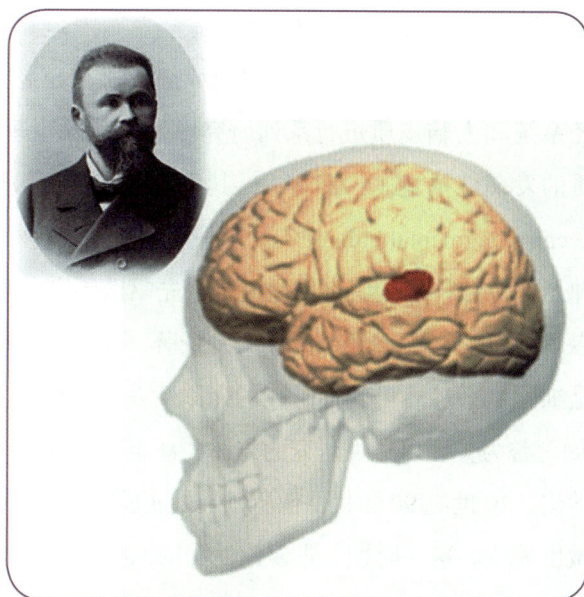

Wernicke 区（红色部分）

真正对脑这个"黑匣子"的揭示始于 19 世纪末。科学家开始认识到，研究脑的主要途径应该是描绘脑的各种元件及其相互联系，然后研究脑的各部分如何工作、如何协同进行机能活动。这两方面的研究构成了脑研究中两个最大的传统分支——神经解剖学和神经生理学。之后神经化学、神经药理学及实验心理学等学科兴起，神经科学开始了其光辉的发展历程。

二、"从髓到脑"——中国人对脑的认识

中国著名神经科学家张香桐教授说过，不论是哪一个民族，对于远在天边的天体研究往往最先得到发展，而对于自己头脑里的那块"原生质"的认识却最为迟缓。在中国古代天文学已形成完整体系的时候，却找不到有关脑与思维关系的明确记载。《黄帝内经素问》是中国著名医典，大约创作于公元前 722~ 公元前 221 年（具体时间仍存在争论），是春秋战国前的医学实践和理论知识的总结。《黄帝内经素问》中提到"内至骨髓，髓以脑为主""脑者髓之海，诸髓皆属于脑"，显然是将脑看成是骨髓一样的物质；在功能上，"心之官则思"的论断则又将思维与心脏活动联系在一起，凡是与思维、思想、情感等活动有关的表述，或者带有"心"字（如"想、虑、恩、怨、忘"），或者带有"忄"部（如"情、怀、怜、憎"）。直到元朝、明朝的医书方可见到"神不在心而在脑""脑为元神之府"的提法，并认为"诸脉皆归

于脑"，脑被提高到了应有的地位。

20世纪20年代之后，神经解剖学家臧玉铨、卢于道等分别开始对神经系统和大脑皮质进行系列研究。由于神经生理学家蔡翘对中脑内被盖网质的发现性描述（1925年），其中的一个小区被国际同行命名为"蔡氏区"（ventral tegmental area of Tsai）。神经生理学家林可胜、冯德培开始对心血管神经调节和神经－肌肉传递进行了先驱性研究。冯德培在20世纪30年代发表了一系列有关神经肌肉接头的论著，他发现的强直后增强（PTP）实质上是细胞水平神经可塑性研究的先驱性发现，他被艾瑞克·坎德尔（Eric Kandel）誉为神经可塑性研究的先驱，甚至有可能与卡茨分享诺贝尔生理学或医学奖。20世纪90年代，他所领导的实验室又在长时程增强（LTP）方面继续做出成绩。这一时期，张锡钧发明的乙酰胆碱生物学测定技术对神经递质鉴定和研究起到了重要作用。

20世纪50～60年代，学术界对神经细胞树突的功能所知甚少，但张香桐却用当时可用的皮质表面记录技术，开始研究树突的功能，成为树突功能研究的先驱，这一研究为未来使用微分方程和连续时变数的神经网络而不再使用数字脉冲逻辑的电脑奠定了基础，他本人于1992年被国际神经网络学会授予终身成就奖。在此阶段，神经药理学家张昌绍和邹冈对吗啡受体做了先驱性的研究工作。我国神经科学前辈的工作成就奠定了中国神经科学研究发展的基础。

蔡翘

冯德培

三、现代神经科学

神经科学作为一门综合性学科，出现于20世纪50~60年代。它融合了神经解剖学、神经生理学、神经药理学、神经化学、神经生物物理学、心理学、神经病学以及精神病学等学科。此外，神经科学研究在20世纪下半叶得以蓬勃发展，还得益于分子生物学、电生理学和计算神经科学的优势和介入。所有这些多学科理论和先进技术的介入和融合使得神经科学工作者可以从各个方面真正系统地、深入地、详尽地研究神经系统结构和功能，取得了非凡的成绩。步入21世纪后，以多国脑计划为代表的神经科学又融合了神经信息学、工程学等，使现代神经科学真正成了一门"大科学"（big science）和生命科学的领头科学。

根据研究、实验或课程教学中的主题、系统范围及方法学的不同，现代

张香桐

神经科学教育与研究大致包括下述亚领域或分支——行为神经科学、情感神经科学、认知神经科学、分子神经科学、细胞神经科学、发育神经科学、进化神经科学、临床神经科学、计算神经科学、文化神经科学、社会神经科学、系统神经科学、神经解剖学、神经生理学、神经免疫学、神经影像学、神经化学、神经遗传学、神经物理学、神经工程学、神经信息学、神经心理学、神经人性学、神经语言学、化石神经生物学等。由此可见，现代神经科学是一门名副其实的大综合科学。

神经科学之大还表现在，神经科学研究队伍和组织的不断壮大和完善。1960年，国际脑研究组织（International Brain Research Organization，IBRO）成立，该组织的目的在于促进神经科学的发展和世界各国研究脑科学工作者之间的交流。1962年，美国麻省理工学院创建了一个跨学科、跨校、跨国的"神经科学研究计划"组织。1963年，国际神经化学学会成立。1969年，美国成立了神经科学学会。1972年，美国加州大学圣迭戈分校医学院率先成立了神经科学系。1989年，美国参众两院通过立法，将1990年1月1日开始的后十年确定为"脑的十年"；日本经过长时间酝酿，于1996年推出了"脑科学时代"的计划纲要。这些重大举措对神经科学的发展起到了巨大的推动作用。

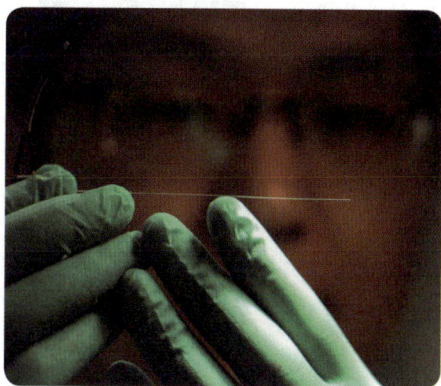

2018年3月，中科院神经科学研究所、脑科学与智能技术卓越创新中心发表了大脑处理"精细视觉"的新机制研究成果（新华社供图）

我国于20世纪80年代初成立了中国科学院神经科学研究所。80年代后期，北京、上海等地相继成立了神经科学专业学会。1995年10月，中国神经科学学会正式成立。"脑功能及其细胞和分子基础"（1992年）、"脑功能和脑重大疾病的基础研究"（1999年）先后被列入国家重点基础研究规划项目。近年来，我国有关神经科学的专著和译著不断问世，许多院校及科研机构也纷纷成立了神经科学研究所或研究室，许多重点院校已将神经科学列入本科生和研究生课程。1998年，《中国神经科学》杂志正式发行。目前，我国已经有了一支具有相当规模和水平的神经科学教学和科研队伍，在视觉生理、针刺镇痛机制研究、受体及神经活性物质的研究、神经系统的再生和修复、神经内分泌、学习和记忆等领域已取得了丰硕的成果。这一切标志着中国的神经科学研究正逐渐蓬勃地开展起来。

神经与脑

什么是神经科学？按照美国神经学家艾瑞克·坎德尔（Eric Kandel）的话说，神经科学就是针对生物科学的终极挑战，解释学习、记忆、行为、认知和情感的生物学基础。坎德尔所说的神经科学面临的最终挑战就是解密人脑的功能，因此，脑科学（brain science）也就成了神经科学（neuroscience）的代名词。神经科学是一门研究神经系统的科学，是生物学中由多学科交叉形成的学科，它结合生理学、解剖学、细胞学、分子生物学、发育生物学、心理学和数学的理论和技术，来解释脑内神经元、神经回路的基本的和应急的特性。可见，神经科学涉及的领域很广。目前，神经科学家们正在采用不同的策略，在不同的范畴采用各种技术，并且扩大到细胞和分子层面，研究脑内单个神经元的感觉、运动和识别功能的成像等。

艾瑞克·坎德尔

一、人脑与机器

在日常生活中，如果我们说错了话，做错了事，或是情绪有点儿不顺心时，周围朋友们可能会开玩笑地说："你脑子进水啦？！"或者悄悄地说："这人脑子有点儿问题。"当一个人学习成绩好，或是有什么发明、创造时，人们大多会跷起大拇指、赞许地说："这人脑子好，聪明！"为什么人们总是有意无意地将这些行为、思想、感情等与人脑联系在一起？或许，与生活在地球上的万物比较，我们人类并非总是占据上风，如人的嗅觉不如犬，夜视觉不如鼠，爬树不如猴，奔跑不如豹，力气不如熊，但是人类却成了"万物之

中国棋手柯洁与围棋人工智能程序
"阿尔法围棋"的对决（新华社供图）

灵"，这要归因于人有智慧的大脑。

20世纪90年代，IBM公司的超级电脑程序"深蓝"大战国际象棋一流高手，并赢得全胜，于是人们惊呼"深蓝战胜了人类象棋手"。2016~2017年，谷歌麾下的DeepMind公司开发的阿尔法围棋（AlphaGo）人工智能机器人连续战胜了中、日、韩多名世界顶级围棋手。媒体上很快遍布了"围棋界公认阿尔法围棋的棋力已经超过人类职业围棋顶尖水平""机器人战胜了人类"之说，果真如此吗？事实上，"深蓝"或AlphaGo与人类的对弈，归根结底是人类以一种特殊的形式在挑战自我。

换言之，人工智能（AI）展示的恰恰是我们人类大脑的无所不能，是计算机科学与神经科学的结合。AI所能表现的功能特质无一不是集人脑的识别智能（cognitive intelligence）、感情智能（emotional intelligence）和社会智能（social intelligence）研究成果之大成，也证明了人脑无与伦比的超强功能。事实上，我们依靠人的天然智能（natural intelligence）与多学科融合，已经开发出铁路、航空、航海自动导航系统，以及火箭、弹道导弹导航系统和人造卫星导航系统。自动操作系统在制造业，甚至在日常生活中已被广泛应用。应用人工神经网络，可以实现我们规划的特殊目标和任务。现在，人们还在开发，准确地说是在完善"自动操作汽车"（autonomously operating car）。

人脑是生命世界中最复杂的组织器官。人脑创造了人类的思想、情感、活动、运动和希望，使我们能够驾驭世界。经历了几个世纪的研究，我们已经积累了对人体解剖学、组织学、细胞学、生理学、生物化学、病理学、免疫学等各方面的知识，包括解密了人类全基因序列。然而，对于我们的大脑是如何工作的这个问题，仍有大量疑问。解密人脑功能是当前神经科学核心的任务。

2000年7月，德国汉诺威国际神经科学研究所一经落成就引起了世人的瞩目，令人好奇的原因之一是研究所大楼的独特外形——人脑。建筑师独具匠心的设计不是没有道理，令人瞩目的另一原因就是，汉诺威国际神经科学研究所不仅是享誉全球的神经系统疾病的治疗中心，还是著名的脑科学研究和学习基地，那里70%的职员是从事神经科学研究的科学家。

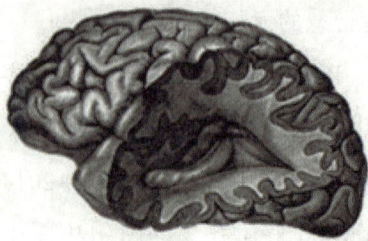

德国汉诺威国际神经科学
研究所外观为脑造型

　　当今的科学技术突飞猛进，使人类在宏观世界"可上九天揽月，可下五洋捉鳖"（水调歌头《重上井冈山》），在微观世界能捕捉基本粒子。脑是人体神经系统的高级中枢，是迄今发现的宇宙生命中最神秘、最精密的物质。由于脑的结构和功能（上至创造性思维活动，下至简单的反射活动）的高度复杂性，使我们至今对脑的工作原理所知甚少。

　　21世纪是脑科学发展的关键时期。经历了世纪初的迅速发展，发达国家和经济腾飞的我国在近些年里相继制订了不同的脑科研计划。脑科学在21世纪取得成就主要依赖以下几方面的原因：①科学发展到今天，各门基础科学相继取得了重大进展，特别是生命科学在20世纪末的迅猛发展，使得对脑的结构和功能的研究自然而然地成了科学家们关注的焦点，而科学技术的巨大进步则为揭示脑的奥秘创造了有利的条件；②随着医学科学的发展，使治疗和预防诸如心脑血管系统疾病、癌症、内分泌失调及先天性代谢疾病等取得了较大进展，神经系统疾患的问题却日益突出，如何有效地预防、诊断和治疗神经系统方面的各种疾病成为社会迫切需要解决的问题；③"人脑计划"（human brain project）揭示脑的工作原理将可能对新一代的计算技术、仿生学、人工智能等研究、开发产生不可估量的影响；④研究并深入认识人脑的高级功能对认识人类自身、促进人类社会发展等具有十分重大的意义。千条万条理由归于一句话，实施脑计划的意义已不仅限于生命科学或自然科学领域，而是具有潜在的、巨大的社会、经济意义。

因此，如果说 21 世纪是生命科学的世纪，那么脑科学（或说神经科学）则是 21 世纪生命科学的王冠。

人工神经网络

一种模拟生物神经系统组织结构和行为特征的信息处理系统。

它是人工建立的生物神经系统模型。人工神经网络具有类似生物神经系统的结构和功能。生物神经系统的基本元素是生物神经元，众多生物神经元通过复杂联结构成的生物信息处理系统。人工神经网络的基本元素是信号处理单元，又称人工神经元，是生物神经元的模型，可由光电器件构成或实现。人工神经网络就是众多人工神经元通过互联形成的光电信息处理系统。人工神经网络现已被广泛应用于机器人控制、模式识别、数据压缩、图像处理、知识获取与机器学习等诸多领域。

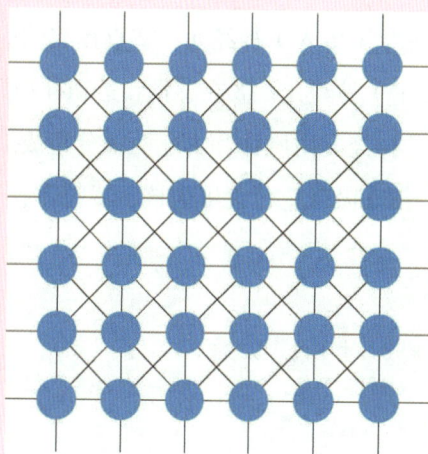

a

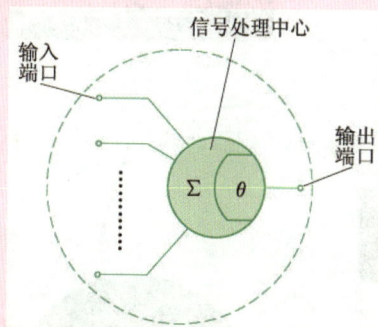

人工神经网络

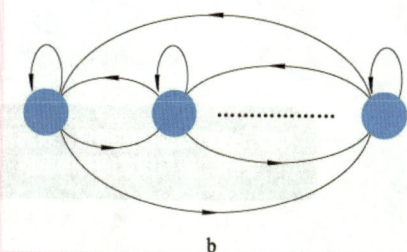

b

人工神经网络

二、神经元与信息传递

神经系统是由众多的神经细胞组成的庞大而复杂的信息网络，联络和调节机体各系统和器官的功能，使机体形成一个统一的整体，对内外环境变化作出反应，以适应环境。如我们的机体可以在受到某种刺激时非随意地作出反应，或者随意地控制我们的动作；我们通过视觉、听觉及其他各种感觉来感知世界；我们能进行学习、记忆、思维等活动。所有这些均与神经系统的控制和协调功能有关。

脊椎动物的神经系统是由神经元和神经胶质细胞组成的，神经系统分为中枢神经系统和外周神经系统两大部分。

（一）神经细胞（神经元）

神经细胞又称神经元，是神经系统结构与功能的基本单位。目前专家认为人脑内神经元的总数有 1000 亿个左右，神经元之间的联系仅表现为彼此互相接触。根据功能不同可分为：①直接与感受器相连，将信息传向中枢者称感觉（传入）神经元；②直接与效应器相连，把信息传给效应器者称运动（传出）神经元；③在感觉和运动神经元之间传送信息者称中间神经元。

神经元由胞体和突起两部分组成。胞体呈球形或锥形，其直径约为 5 微米 ~100 微米，包含细胞核、线粒体、溶酶体及内质网等各种亚细胞器结构。

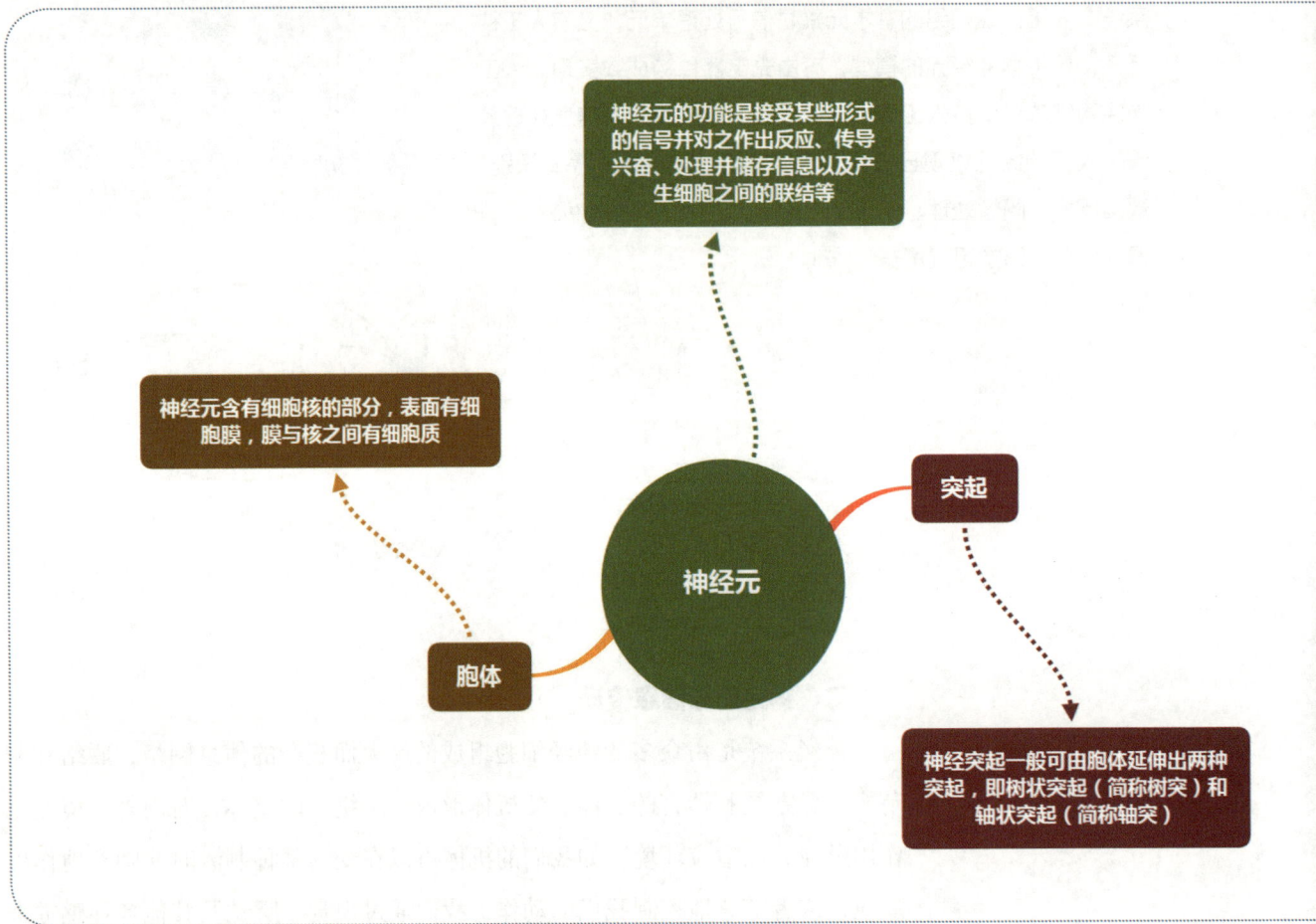

神经元的功能是接受某些形式的信号并对之作出反应、传导兴奋、处理并储存信息以及产生细胞之间的联结等

神经元含有细胞核的部分，表面有细胞膜，膜与核之间有细胞质

突起

神经元

胞体

神经突起一般可由胞体延伸出两种突起，即树状突起（简称树突）和轴状突起（简称轴突）

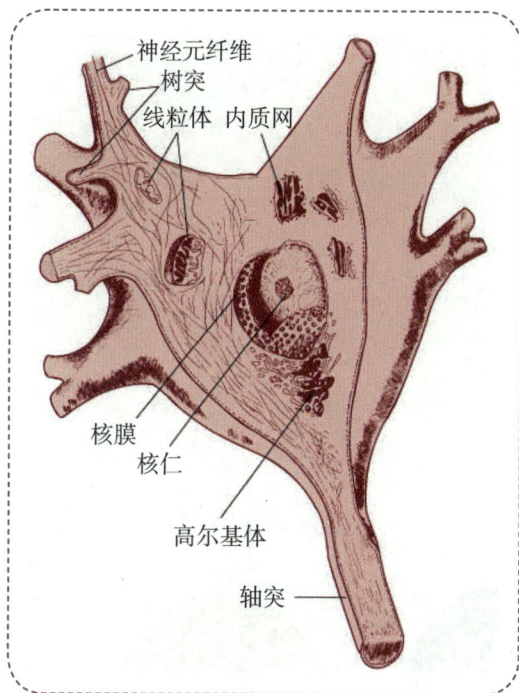

神经元的结构

从生物化学的角度看，神经元是一个统一的代谢体，可以合成细胞生命所必需的酶、递质及其他的分子。

突起又分两种：一种是分支状端的短突起，称为"树突"，它能接受刺激并传导冲动至神经细胞体，是传入性突起；另一种是神经细胞所发出的一支细长的突起，称为"轴突"，又称为神经纤维，每个神经元一般只有一个轴突，人的神经细胞轴突可长达1米，通过神经纤维，胞体将整合的信号向外周传导，可传至其他神经细胞、肌肉或腺体等效应器官或组织，所以它是传出性突起。习惯上根据神经纤维有无髓鞘包裹分为有髓纤维和无髓纤维两种，实际上，所谓无髓纤维也有一薄层髓鞘，并非完全无髓鞘。神经元与其周围的支持细胞（如星形胶质细胞等）建立有突触联系。

（二）神经兴奋

1. 静息膜电位　神经细胞覆盖有脂质双分子层组成的细胞膜。脂质双层膜的内外侧存在电位差。在静息期，神经细胞膜外带正电荷，神经细胞膜内带负电荷，这种电位差称为静息膜电位，即神经元在未兴奋时的膜电位。通常将胞膜外电位规定为零，此时细胞膜内电位相对细胞膜外电位是负电位，所以静息膜电位是负电位，这种状态又称为极化状态。静息膜电位是由于细胞膜内外表面的正负离子分布不同所产生的，这与细胞膜的两种特性有关。首先，细胞膜上存在有离子通道，由多种亚单位蛋白质贯穿于细胞膜组成，对离子有选择性通透；蛋白质亚单位组成的微孔只允许一种或多种特定的离子通过。其次，细胞膜上存在一种特异的蛋白质——钠钾泵，可主动转运离子，将钠离子泵至胞外，置换钾离子进入胞内，从而在胞内外造成这两种离子明显的浓度差，这种跨膜离子浓度差导致了跨膜的电位差。

2. 分级电位与动作电位　也正是静息膜电位的变化形成了电信号。无论在神经元的细胞体还是其突起的任何地方，一旦跨膜电位发生变化，这种变化就会在膜上向所有方向迅速传导，并逐渐衰减。这种电位的特征是，其幅度伴随刺激强度的增强而增大，并无阈值，这就是第一类电信号——分级

外界刺激信号

快速去极化

复极化

刺激作用于神经元，产生兴奋的本质是膜对离子通透性的改变，形成一系列离子电流所引起的膜电位改变

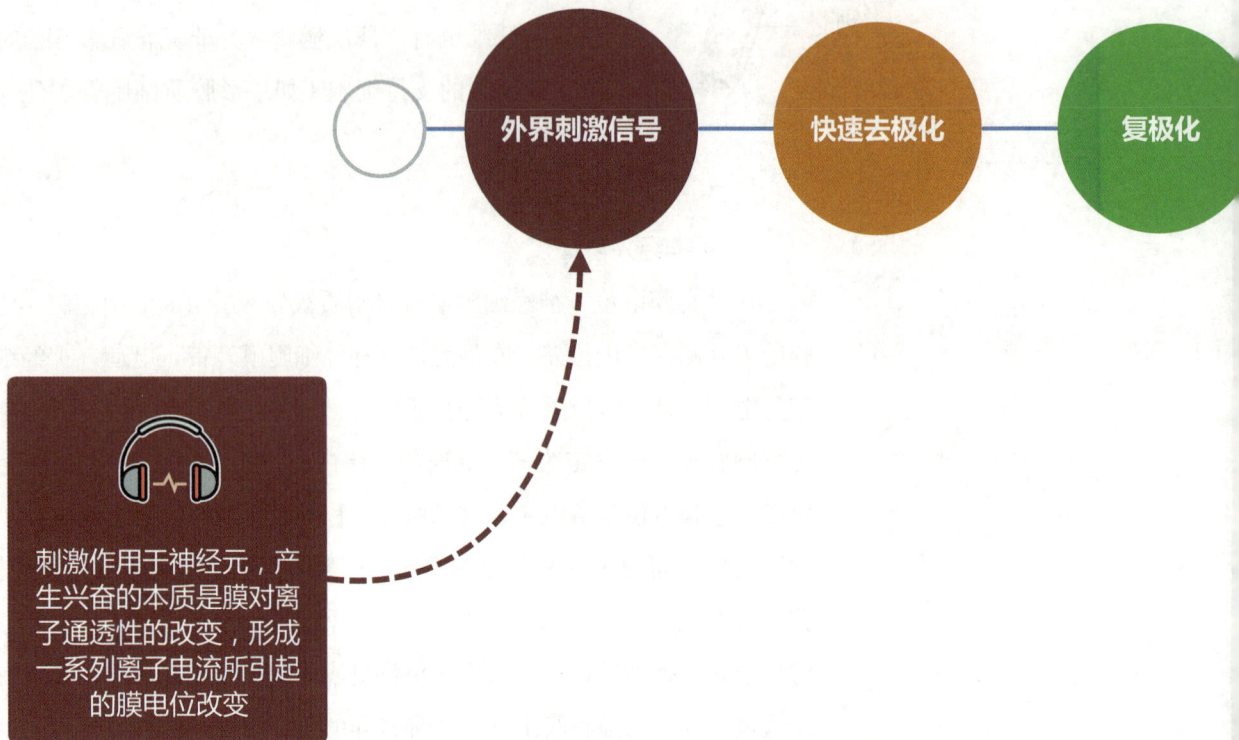

电位。分级电位产生于感觉感受器（如视网膜中的光感受器）和树突，其主要功能是在短距离内传输信号。第二类信号——动作电位（又称冲动和峰电位）在更远的距离内传输信号。假如因为刺激或其他因素引起细胞膜"去极化"（即膜电位降低）到一个临界水平（阈值），则产生瞬时的动作，并沿轴

突传导。动作电位的一个重要特征是，它以"全或无"的方式产生，即膜电位的变化未达到阈值时不会产生动作电位；一旦达到阈值，就会产生幅度不变的动作电位。动作电位以改变频率的方式传递刺激强度不同的信息，传导的过程并不出现衰减。在神经系统中距离超过 1 毫米以上的所有信号均以这种方式来传播。不管神经纤维类型如何，也不管它是与运动还是与视觉、思维有关，神经冲动都是一样的。对于给定的神经纤维，在不同情况下表观出来的差异仅仅是冲动的频率。

3. 离子通道　各种离子通道能干扰静息膜电位。离子通道大致分为两类：一类是依赖神经递质控制开放或关闭的离子通道，称为配体门控通道；另一类是依赖通过跨膜的电位差决定开放或关闭的离子通道，称为电压门控或电压敏通道。它的类型与组成离子通道蛋白质亚单位的不同有关。

4. 神经元之间的信息传递　神经元之间的信息传递是通过细胞间的特异接触部位，即突触来实现的。有两种不同类型的突触：电突触及化学突触。

脑内大多数的突触是化学性的。这种突触信息传递是单向的，即突触前神经元的轴突末梢释放神经递质，与突触后膜上的特异受体相互作用，这些受体被激活后改变突触后神经细胞膜的通透性，从而产生分级电位。

5. 神经递质和神经调质　兴奋性和抑制性突触通常释放不同的神经递质，乙酰胆碱和 L- 谷氨酸是典型的兴奋性递质，而 γ- 氨基丁酸和甘氨酸是典型的抑制性递质。除了直接作用于突触后神经元，改变膜通透性，引起膜电位的快速变化的神经递质外，尚有另一种神经活性物质——神经调质。神经调质通常并不直接改变膜的通透性，而是通过生物化学机制调节突触后神经元的活动。例如，神经调质与受体结合后，经鸟苷酸结合蛋白（G 蛋白）介导激活腺苷酸环化酶，此酶催化腺苷三磷酸（ATP）转化为环腺苷酸（cAMP）。cAMP 被称为第二信使，这些激酶在细胞内广泛

弱小的刺激不能引起动作电位，这是由于去极化幅度太小，不足以抵消由去极化引起的钾离子外流，因而很快发生复极化而使电位恢复至静息水平

动作电位

感受器

感受器是一类特化的神经元，它们能将外部世界作用的各种形式的信息转换成为电信号。如视网膜中的光感受器对光产生反应，一些感受器对化学物质产生反应（味觉和嗅觉），还有一些感受器对机械形变发生反应（触觉和听觉），这些感受器是机体感受外界刺激的窗口。

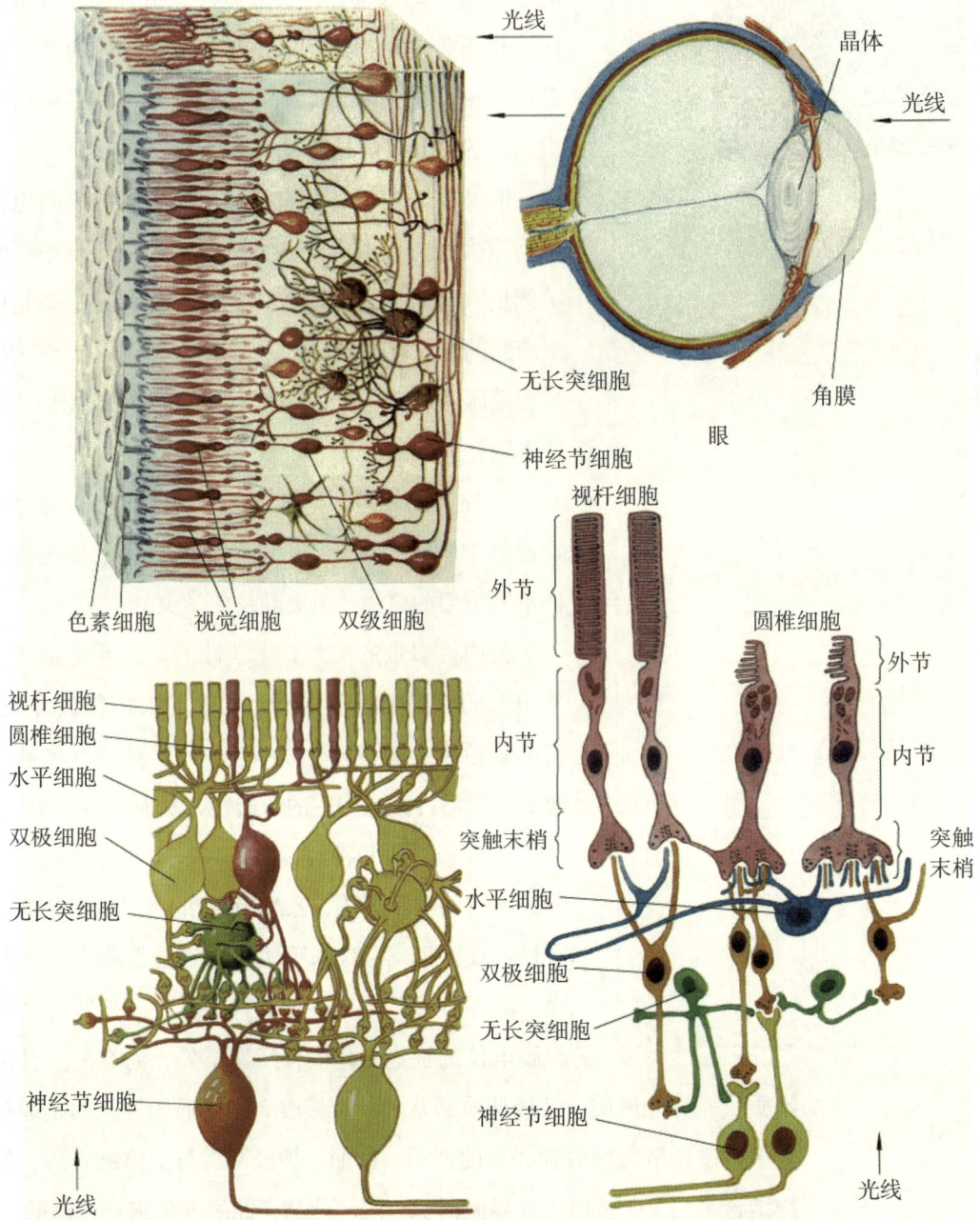

光线

晶体

光线

无长突细胞

神经节细胞

角膜

眼

色素细胞   视觉细胞   双级细胞

视杆细胞

外节

圆椎细胞

内节

外节

突触末梢

内节

视杆细胞
圆椎细胞
水平细胞
双极细胞
无长突细胞

水平细胞

双极细胞

无长突细胞

突触
末梢

神经节细胞

神经节细胞

光线

光线

发挥作用，从细胞到细胞膜，改变各种细胞过程。典型的神经调质的作用起始较慢，但能持续数分钟、数小时，甚至几天或更长的时间。主要的神经调质包括单胺类（多巴胺、去甲肾上腺素、5-羟色胺）和多种神经肽。

三、神经胶质细胞

神经系统的间质细胞或支持细胞有许多种，统称为神经胶质细胞。它们散布在神经细胞之间或轴突之间。分布在周围神经系统的神经胶质细胞主要是雪旺细胞；分布在中枢神经系统的胶质细胞主要是星形胶质细胞、少突胶质细胞、小胶质细胞和室管膜细胞等。这些细胞数量约为神经元的 10～50 倍，一般很小，并不产生主动的电信号。

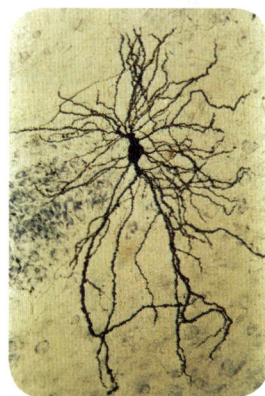

星形胶质细胞形态

神经胶质细胞具有如下功能：如同其他器官中的结缔组织，为神经元提供支持；作为绝缘体将一些神经元与另一些神经元隔离开来；为神经元活动提供营养；参与神经递质的摄取与分泌；缓冲细胞外环境中的离子，并可能在信息处理和储存中发挥作用。最近发现，胶质细胞在发育中具有以下作用：引导神经元迁移，分泌神经生长因子，促进神经元存活与分化。此外，胶质细胞对突触的形成与功能具有调节作用：促进突触形成，摄取已释放的神经递质，向突触提供能量物质和神经递质前体，从而维持突触所特有的功能。

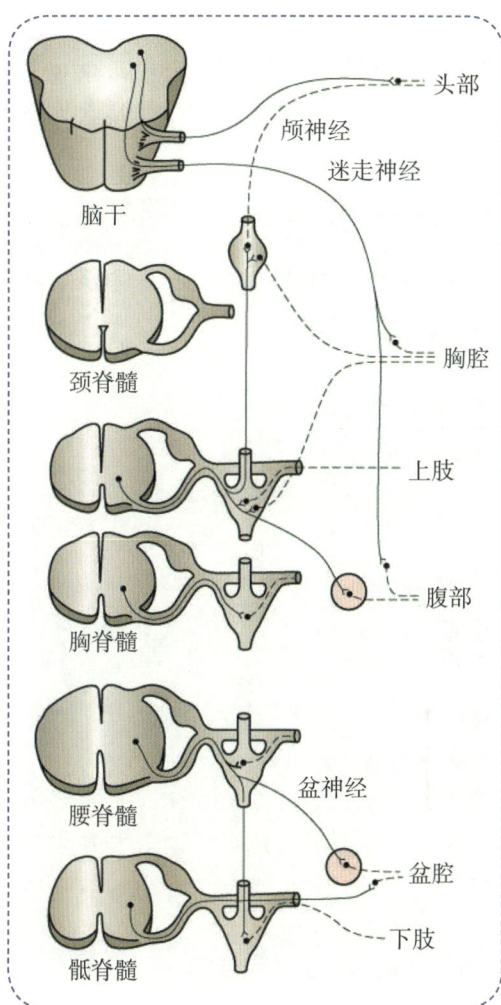

交感及副交感的节前及节后纤维
对身体各部的支配

脑干
颈脊髓
胸脊髓
腰脊髓
骶脊髓

颅神经
迷走神经
头部
胸腔
上肢
腹部
盆神经
盆腔
下肢

四、神经系统

（一）周围神经系统

周围神经系统是由 12 对颅神经、31 对脊神经及其附属的神经节细胞组成。它可分为躯体神经系统和自主神经系统，后者又称植物神经系统。躯体神经系统将中枢对躯体感觉刺激（如触、痛刺激）起反应的神经元和骨骼肌联结起来，其结合处称为神经肌肉接头，接头处类似一个突触，它的囊泡释放的递质是乙酰胆碱。自主神经系统由联结中枢神经系统与心肌、平滑肌、腺体和脂肪等组织中的神经元构成，又可进一步分为交感神经系统和副交感神经系统。前者在应激时将能量储备动员起来，主要负责发动机体战斗或逃避等反应；后者主要负责消化功能和恢复能量储备。

（二）中枢神经系统

脑和脊髓组成中枢神经系统。年轻男性的脑平均重约1380克，年轻女性比男性平均轻约100克。所有高级功能——感知、运动指令的发布、学习、记忆和意识均在脑中完成。脊髓介导神经系统中的信息传导，通过脊髓将躯体感觉信息（痛觉、温觉、触觉、压觉等）从外周传至脑，又将运动指令从脑带至外周，同时也在其中完成许多反射活动（其信息并不向上传达到脑）。

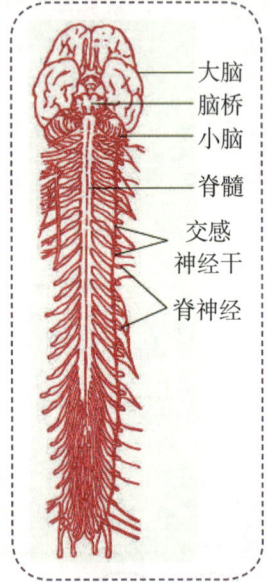

人的中枢神经系统

（三）脑分区与脑功能

1. 脑分区　脑可分为前脑、中脑和后脑三部分。前脑可分成两大区，一个区包括丘脑和下丘脑，另一区包括基底神经节（杏仁体、海马、中隔等）和大脑皮质。后脑延伸至脊髓，由脑桥、延髓、小脑组成。在脑桥之上是中脑，介于前脑和后脑之间。

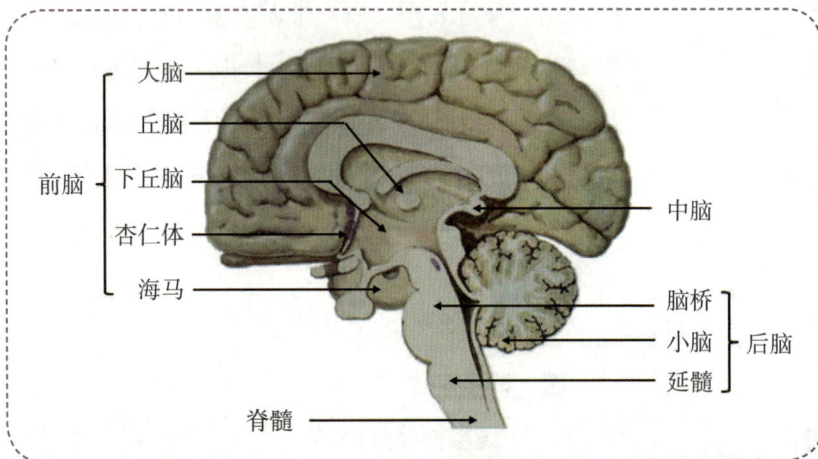

脑的结构——前脑、中脑和后脑

2. 脑功能　前脑与最高级的智力功能——思维、计划、解题等有关。丘脑和下丘脑统称间脑，是脑中关键信息传递的中继性结构。小脑与调节运动的力度和范围有关，中脑和延髓也是许多重要的生命功能如呼吸、循环的控制中枢。

　　脑的一个重要的特征是，它的不同区域呈现功能的专门化，这些功能中有一些是所有神经系统共有的，最明显的是对感觉的分析和运动的控制。例如，对视觉信息的分析集中于大脑皮质枕叶，对听觉信息的分析主要在大脑皮质颞叶进行，而对运动的控制则是由大脑皮质另一部分——运动区来实现的。此外，人脑具有其特有的高级功能，最突出的例子是语言。这些高级功能中至少有一部分也是由专门化的神经元网络所控制的。

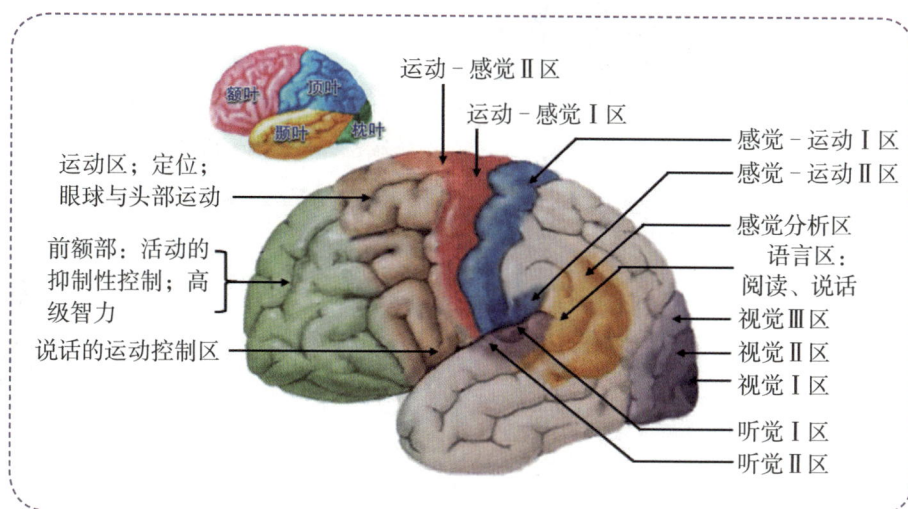

脑分区功能示意图

（四）神经系统是行为的基础

　　没有一种行为是由单个神经元实现的，通常一种行为需要许多神经元参与，这些神经元或组成神经网络，或形成神经回路。中枢神经活动的多样性主要由神经回路的多样性所决定。就完整机体而言，其接收端为感觉传入端，其传出端为作用端。但是同样的传入神经可经不同途径到达传出端，中间又可经受种种调制，这就造成了神经活动及行为的极端复杂性。在神经回路中存在大量的中间神经元。

　　神经元通路可分为两大类。一类是包含了多个神经元的回路，如管理与调控运动的大脑—脑桥—小脑—大脑回路；另一类是局限于某一神经元内的回路，如脊髓内的兴奋或抑制中间神经元，视网膜内水平细胞调节视觉信息在视网膜内的加工等回路。中枢神经系统的信息处理通常以串联或并联加工的原则进行。串联原则是由低级向高级（感觉传入神经系统）或由高级向

```
                              ┌─────────────────┐
                              │ 如管理与调控运动的大 │
                        ┌···→ │ 脑—脑桥—小脑—大脑 │
                        ·     │ 回路            │
                        ·     └─────────────────┘
            ┌──────────────┐
        ┌── │ 包含多个神经元回路 │
┌────────┐  └──────────────┘
│ 神经元  │
│ 通路   │
└────────┘  ┌──────────────┐
        └── │ 某一神经元内的回路 │
            └──────────────┘
                        ·
                        ·     ┌─────────────────┐
                        ·     │ 如脊髓内的兴奋或抑制中间 │
                        └···→ │ 神经元，视网膜内水平细胞 │
                              │ 调节视觉信息在视网膜内的 │
                              │ 加工等回路         │
                              └─────────────────┘
```

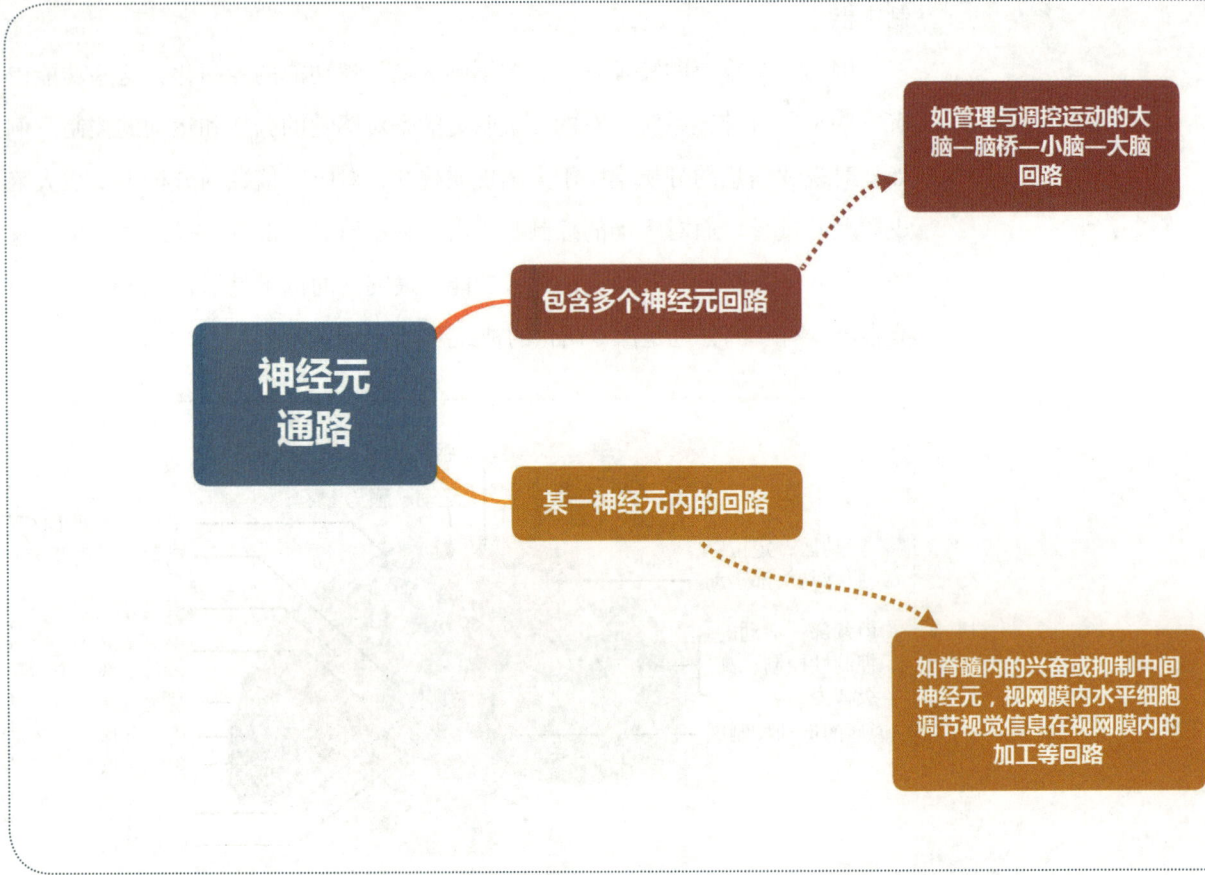

低级（运动）逐级将信息上传或下传的组构方式，它是中枢神经系统内一种十分普遍的组构方式。如躯体感觉经脊髓、丘脑到大脑皮质，视觉由视网膜经外膝体到大脑皮质等，均属此类。并联原则是指同类功能活动常常有平行的两套或两套以上的串联系统来实现的组构原则，如视觉系统，与视觉有关的 20 余处脑区通过并联方式联结，因而人们才能辨别物体的形伏、颜色、动作等。

现代神经科学的研究目标和发展趋势

在近 20 年里，神经科学研究被推到了生命科学和自然科学研究领域的顶峰。1996 年，总部设在巴黎的经济合作与发展组织（OECD，简称经合组织）

经合组织与中国
比以往更加重要的战略伙伴关系

上世纪90年代以来，中国与经合组织合作实现战略式发展。作为经合组织的关键伙伴，中国以成员、伙伴方或参与方的身份参与11个经合组织重要机构和项目，遵守8个经合组织法律文书，在税收透明度与合规、宏观经济监测、科学与技术、贸易与投资、农业政策和许多其他政策领域为经合组织工作做出重要贡献，30多个中国部委和机构参与了经合组织各项活动，商务部在其中发挥了重要协调作用。

中国还与经合组织附属的多个专门机构加强合作，包括经合组织发展中心（10页）、国际运输论坛（52页）和国际能源署（58页）和核能署（59页）。过去三年在多边框架下的成功合作将双方关系提升到了新的水平，尤其是全力合作支持中国主办2016年G20峰会。与此同时，中国加强与各经合

组织机构交往，增加了对经合组织的资金支持，并于2017年成为经合组织公司治理委员会的参与方。李克强总理邀请古里亚秘书长参加"1+6"圆桌对话会，讨论全球经济和中国经济社会发展挑战，进一步影显中国对经合组织工作的认可。

经过十年的高速发展，中国已成为世界第一大经济体，对全球经济产生举足轻重的影响。中国已经进入到2020年全面建成小康社会的最后冲刺阶段，在中共十九大所宣布的深化改革措施和政策议程将被积极落实。中国要实现平衡、可持续和包容发展，自然需要与经合组织开展更多合作。在经合组织各机构中进一步加强合作，遵循经合组织法律文书，将有力推进中国改革议程，并促进在经合组织进行的全球政策对话。

合作亮点

3月18日
经合组织幕僚长、G20事务协调人Gabriela Ramos在中国发展高层论坛开幕式上致辞。

3月21日
经合组织国别研究主任Alvaro Pereira在北京发布《中国经济调查2017》。

4月21日
古里亚秘书长与财政部部长肖捷在华盛顿举行双边会见。

7 June
古里亚秘书长在巴黎与商务部副部长王受文在经合组织2017年部长理事会期间会见。

中国国家税务总局局长王军在巴黎签署《实施税收协定相关措施以防止税基侵蚀和利润转移（BEPS）的多边公约》。

经合组织与中国的合作关系

的科学论坛批准建立以美国为首的神经信息学工作组，参与国包括美、英、法、德、日等 19 个国家。建立神经信息学工作组的初衷是组织、协调全世界的神经科学和信息科学工作者共同研究脑、保护脑及开发与创造脑。2001 年，我国科学家受邀参加在瑞典举办的"国际人类脑计划工作会议"，成为该计划的第 20 个成员国。在 21 世纪初的十几年中，发达国家和我国先后发布脑计划，展示了脑科学研究无限的发展前景。

一、雄心勃勃的脑计划

（一）美国脑计划研发创新神经技术

在美国实施"脑的十年"（1990~1999）规划期间，神经科学取得明显进展，不仅促进了公众对脑研究的了解，也使得科学家们取得了共识：人脑功能是如此复杂，必须将脑研究视为大科学研究来对待，才能获得实质性的进展。2007 年 3 月，美国科学家在弗吉尼亚州的乔治梅森大学召开的会议上提出了"脑 / 记忆十年宣言"（Decade of the Mind Manifesto），并以通讯形式在《科学》杂志上发表。"宣言"提出希望征得基金，资助"2012~2022 年脑十年计划"的实施，因为该计划作为一个大科学规划，其成功需要多学科、领域交叉合作（包括认知科学、神经信息学、心理学、医学、神经技术学、材料科学、工程学、计算机科学，此外还需要系统生物学、人类学、社会科学、机器人学和自动控制技术等的支持）。2007~2010 年，该计划在美国、德国和新加坡召开 6 次论坛。几经修订脑研究的目标和细节，形成了计划的新版本。最后，在白宫和科学家参加意见下再次修订，形成了"白宫脑计划"（White House Brain Initiative）。2013 年 4 月 2 日，美国又公布"推进创新神经技术脑研究计划"。该计划的核心是研发新的光学成像技术，结合电子探针、光学探针、功能纳米颗粒技术、光遗传学等应用，记录大脑细胞的数据，揭示大脑的工作机制。该计划也包括国际合作，建立向全世界开放的数据库，共同参与脑研究。

（二）欧盟脑计划建立 ICT 平台揭示脑的认知功能机制

欧盟的"人脑计划"（Human Brain Project，HBP）与"石墨烯项目"作为欧盟的旗舰项目于 2013 年 10 月 1 日启动。为适应众多脑研究获得的资料巨多、零碎、缺乏系统性，迫切要求整合的需要，HBP 以超范围超计算机系统为基础，建立一个以合作性的信息通信技术（Information and Communication Technology，ICT）为基础的科学研究信息平台，以便使研究者们了解神经科学、计算科学，以及与脑相关的医学领域的各类信息。HBP 包括 12 个子计划（SP1~SP12）。

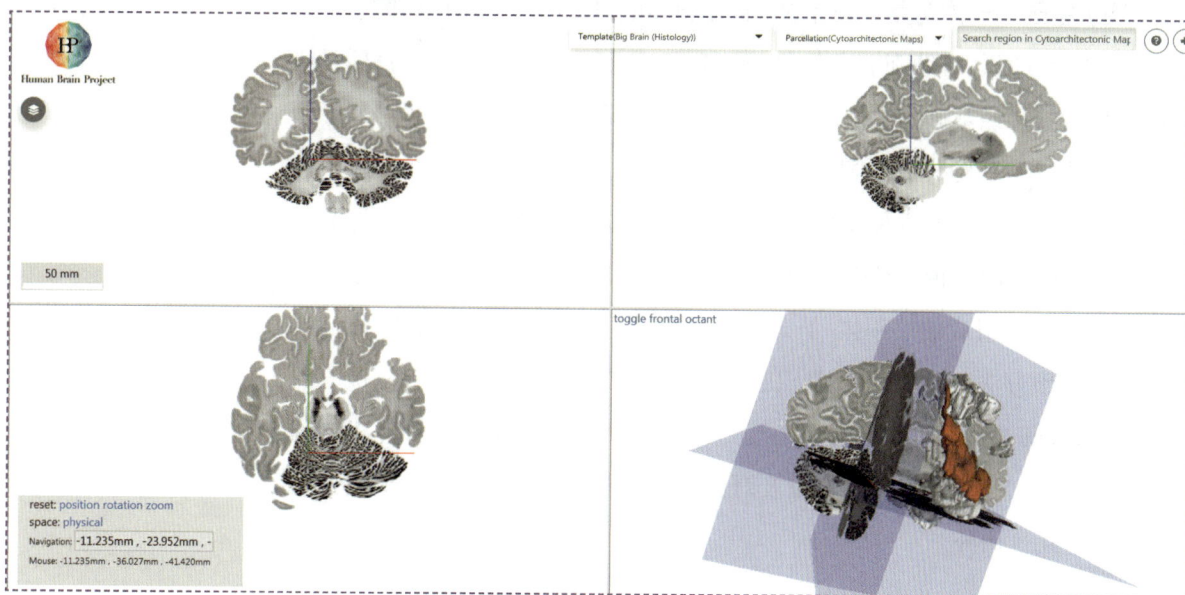

HBP 3D 大脑图

（三）日本和瑞士脑计划研发脑绘图和数字化脑重构鉴定脑疾病

日本于 2014 年 6 月启动的脑计划研究聚焦在 3 个方面：研究非人灵长类——狨（产于南美洲的一种小猴）的脑，开发脑绘图技术和人脑制图。日本整个脑计划可概括为整合神经技术为疾病研究绘制脑图（Brain Mapping by Integrated Neurotechnologies for Disease Studies，MINDS）。

2005 年 5 月，瑞士启动脑计划"蓝脑"（Blue Brain），目标是采用逆向

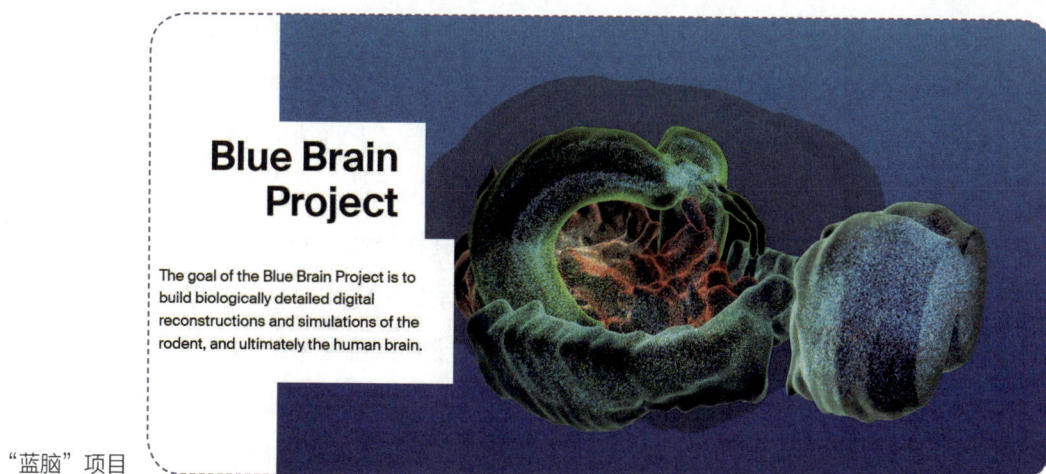

"蓝脑"项目

工程哺乳动物脑回路的策略，进行哺乳动物脑的数字化重建和模拟，以便建立健康与疾病时的脑结构和功能的基本原理。

（四）中国"一体两翼"脑计划涵盖脑科学的基础和转化应用研究

2016 年 3 月，"中国脑计划"（China Brain Project）正式发布，目标是研究认知功能的神经基础，发展脑研究技术平台，开发有效的脑疾病早期诊断和干预方法，发展脑－机器智力技术（或称脑启发的人工智能）。按照中国科学院神经科学研究所所长蒲慕明等发表在《神经元》杂志的一篇述评文章介绍中国脑计划时所说，整个计划是由"认知功能的神经基础"和"建设脑研究技术平台"组成的"一体"，与由应用性研究"开发有效的脑疾病的早期诊断和干预方法"和"发展脑－机器智力技术"组成的"两翼"构成，即一体两翼（one body two wings）。总之，中国脑计划涵盖了认知神经机制的基础探索、神经信息技术研究，以及对脑疾病诊断和治疗、脑启发的人工智能的转化应用性研究。

二、神经科学的发展趋势

神经科学和其他生命科学一样，其发展趋势不外乎两个方面，即分化与整合（微观与宏观）。前面结合美国、欧盟、日本、瑞士以及我国的脑计划概述已经展示了在未来的一些年里神经科学的发展愿景，下面分析一下神经科学的发展趋势。

（一）在细胞和分子水平研究脑

随着细胞生物学的发展和分子生物学的崛起，神经科学家们正努力把对神经活动机制的研究迅速推向细胞和分子水平，从而促使神经科学发生了一场"革命"。微电极细胞内记录和染色技术在单个神经元上将功能与结构紧密联系起来，同时也大大地推动了对神经元之间联系模式的了解。由于免疫组织化学方法的应用，又有可能将神经元的功能与其神经递质的分析融为一体。组织培养、细胞培养，以及组织薄片方法使科学家们能将复杂的神经回路还原成简单的单元进行分析。新的电生理技术（膜片钳位技术）和分子生物学方法（重组 DNA 技术等）使我们对神经信号发生、传递的基本单元——离子通道的结构、功能特性及运转方式的认识完全改观。对突触部位发生的细胞和分子事件，如神经递质的合成、维持、释放及与受体的相互作用的研究都取得了令人瞩目的进展。对神经元和神经系统发育的分子机制的研究也有长足的进展。在脑的高级功能方面，研究也已深入到细胞和分子水平。在基因水平上的新技术的发展（如基因转移、剔除技术）大大扩展了研究手段与研究思路，已经渗透到脑科学的许多领域。已成功发现困扰人们已久的神经系统疾病的基因定位，在分子水平对某些疾病的致病原因的认识已大大深化。

（二）从整合的观点研究脑

与上述趋势相呼应，从另一侧面人们又日益深刻地认识到脑活动的整合性。近年来，一些有远见的神经科学家特别强调要用整合的观点来研究脑。因为脑的功能是由神经细胞活动整合来实现的，因此要阐明脑的活动规律无疑需要将细胞和分子水平的工作与整体和系统的工作结合起来进行。

整合观点的含义是多方面的。一方面，神经活动是多侧面的，要认识这些不同的侧面，就需要多学科的研究途径。神经科学家们已经清楚地认识到，任何单一方面的研究所能提供的资料在广度和深度上都有明显的局限性，只有多方面研究的配合，才能在更深的层次上揭示神经活动的本质。整合观点的另一层含义是，对脑活动的研究必须是多层次的。神经系统活动，不论是感觉、运动，还是脑的高级功能（如学习、记忆、情绪等）都有整体上的表现，而对这种表现的神经基础和机理的分析不可避免地会涉及各种层次。这些不同层次的研究互相启示，互相推动。在微观层次（细胞、分子水平）上的工作为宏观层次的观察提供分析的基础，而宏观层次的观察又有助于引导微观层次工作的方向和体现其功能意义。

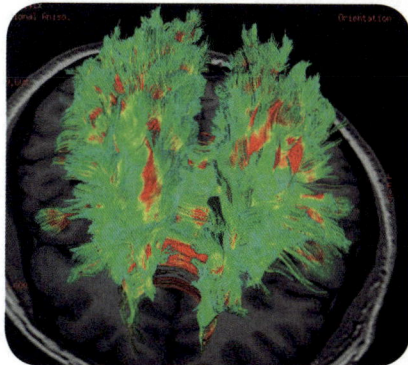

第三军医大学新桥医院在 3.0 特斯拉磁场下得到的脑部白质纤维 3D 图（新华社供图）

我们如何感知？如何运动？如何学习？如何记忆？如何思维？这些人们最迫切希望了解的问题均依赖于人脑的研究。近十余年来，出现了不少新技术、新思想和新成果，例如，正电子发射断层扫描（PET）为在无创伤条件下分析神经系统内的化学变化及神经活动与行为的相关性提供了重要手段；其他一些脑的成像技术，如功能性核磁共振成像（fMRI）、核磁共振谱（MRS）和单光子发射计算机扫描术（SPECT）等也都有了较大的发展，为在整体水平研究脑功能提供了关键技术。

脑科学这些发展趋势反映了人们在揭示脑的奥秘的进展中对这门学科的基本认识：对神经活动本质的了解需要还原到最基础的细胞和分子水平；与此同时，在研究中必须强调整合观点，这是由神经活动的内涵所决定的。这就是说，在脑研究中，只有将还原论的分析和综合性分析紧密地结合起来，才有可能使我们逐渐形成更深入、更全面的认识。

三、神经科学展望

神经科学已经走过了发展的早期阶段，开始走向成熟。如上所述，"脑的十年"已经取得了巨大的成就。国际合作的脑计划实施必然会展示其巨大的潜能，以及无与伦比的科学、社会和经济效益。下面顺着目前的发展趋势，围绕神经科学的几个基本目标，选择某些研究领域来勾画21世纪前期神经科学的可能轮廓。

（一）神经活动的基本过程

在神经系统的活动中存在着一些具有普遍意义的基本过程，包括神经信号的发生、转导、传导及突触传递等。在离子通道方面，将会发现更多的新通道或通道的亚型，确定更多通道（蛋白质）的氨基酸序列及其编码基因的内含子与外显子的界线，从而推出通道类型间的自然进化关系，形成通道的分类模式，并揭示通道类型间的家族关系。由于脑中的信息处理均涉及突触，神经递质受体的分子特性、递质与受体的相互作用无疑将继续在脑科学中占有关键的地位，对由G蛋白偶合的第二信使级联反应所介导的信号转导方式及其在脑功能中的作用的研究会有重要的拓展。人们将不断揭示新的神经调制方式，对神经系统控制其自身特性方式的多样性获得更完整的认识。

这些研究具有的潜在的应用价值将会更充分、更明显地表现出来。例如，神经递质之间的关系，以及它们如何取得平衡，显然是一个重要的理论问题，而这平衡正是保障脑和机体正常功能的基础。一旦我们对这一问题有了更深刻的了解，并且对失衡所造成的影响有更细致的分析，人们就有可能采用新的方式来补充缺少的递质或者减少、阻遏多余的递质所产生的效应，从而恢复脑和机体中固有的平衡。重建这种平衡可能为癫痫、帕金森病、舞蹈病、老年性痴呆、精神发育迟缓、精神分裂症提供新的有效的治疗手段。随着对神经递质受体的认识不断深入，以及新的分子生物学方法的发展，人们已能克隆受体基因并决定其分子结构，这就从原理上为设计良好的药物提供了可能性。通过对药物与受体位点结合效力的测试，从而确定如何改变药物的结构并增强对该特定受体的作用，就有可能会开发出一大批副作用较小的新一代高效药物。

帕金森病

以某些运动障碍（静止性震颤、肌强直、运动迟缓和姿势反射丧失）为临床特征的一组病变。因英国医师 J. 帕金森于 1817 年首次描述此组疾病的典型表现而得名。

帕金森病最基本的病理改变是中脑黑质致密带的含色素神经元及其分泌的多巴胺大幅度减少。已证实在第 2、4、6 号染色体的突变与此病相关。

凡是能引起多巴胺耗竭的药物（如利血平、抗精神病药物吩噻嗪类、桂利嗪、氟桂利嗪等），毒性物质（如一氧化碳、二硫化碳、重金属锰），脑外伤，脑血管病，病毒性脑炎（如甲型脑炎、流感病毒性脑炎），其他中枢神经系统变性病（如进行性核上性麻痹、路易小体痴呆、皮质基底节变性、多系统萎缩、黑质纹状体变性），均可有类似于帕金森病的表现，称为帕金森综合征。

（二）神经系统的发育

神经系统发育的关键问题之一是，细胞运动与诱导信号的相互作用。应用低等动物简单神经系统对这种相互作用的细致分析，以及作为其基础的细胞间信号传输、转录调节、基因表达的研究将继续成为研究的重点。对在发育过程中神经元整合各种分子信号形成突触和组成神经回路的研究将取得重大进展；将有更多的神经营养因子被鉴定，相应的受体被发现，它们在发育中和成年脑中的作用将逐渐明确。这些研究的进展将使人们更清楚地认识到，在发育过程中遗传突变的表达如何引起神经系统的缺损。

对于高等动物神经系统的发生、发育规律的认识还有漫长的路要走，这条道路将是艰难而崎岖的。我们还没有一种现成、可行的方法可以在分子水平来处理复杂神经系统的发生和发育，因此必须创新技术和方法。

神经系统的发育和再生是同一问题的两个侧面。中枢神经系统的再生将继续成为研究的热点。对于成熟的中枢神经系统为何不能再生目前还只有粗浅的了解，因此还只能局限于进行实验性尝试，去克服妨碍其再生的因子。人们可以期望在不久的将来，对这一问题的认识将会大大加深，这将为利用脑内移植或其他方法成功地促进中枢神经的再生奠定基础。许多退行性中枢神经系统的疾病有望得到缓解或治愈。

（三）神经系统疾患

应用分子遗传学的方法对遗传性神经系统疾患的研究方面，已经有了良好的开端，若干影响脑的正常发育或产生进行性脑变性的缺损基因已经被定位或鉴定。迄今为止，所考查过的基因只占组成人类基因组（约 2 万 ~3 万个基因）中的百分之几，随着后基因组时代研究的进展，这方面前进的步伐将会大大加快。同时，运用基因定位技术有可能追踪 DNA 的某种标志，以确定是否存在某种特定的基因，并利用这种标志在症状出现之前发现遗传性疾病。一个合理的估计是，在未来几十年内，人们将能预测大部分的遗传疾病的未来表达，或定位缺损基因，产前诊断和遗传筛选程序将大大降低某些疾病的发病率。

（四）脑的高级功能

对于脑的高级功能，诸如感知、运动控制、学习记忆、情绪、语言、意识等，可能会取得突破性的进展。几十年来，对于以细胞、分子事件为基础的局部神经网络如何组装成庞大、复杂的脑来实现高级功能，既缺少有成效的研究手段，在理论上也只有很模糊的想法。感觉信息如何整合起来用于认知外部世界？意识的整体性怎样被保持？突触可塑性与学习记忆形成、记忆检索是怎样的关系？语言的中枢表象是什么？对于这些问题，我们的了解还刚刚开始，脑计划的实施将会给我们颇具希望的答案。

人们将创立一系列新方法，包括若干原理上全新的方法，将离子通道、突触、神经元的兴奋和抑制等概念与脑的高级功能沟通起来。现有的脑成像技术的时间、空间分辨能力将大幅度提高，新的无创伤检测脑活动的技术将进一步发展起来，在清醒的动物身上，多电极同时记录不同脑区神经元的技术将实现突破，从而更紧密地将神经元群体活动与高级功能研究结合起来。计算神经科学的发展将进一步揭示脑执行各种高级功能的算法。